凡事皆有利弊，只要懂得权衡之道，
往大处着眼，枯石朽木也能入药；
凡人皆有长短，只要懂得用人之道，
取彼之所长，破铜烂铁也能成钢。

不如人处勿自叹，须知天外有天；
胜于人处勿自傲，当念人外有人。
不怕无知己，只恐道不成，
不怕无前途，只恐志不坚。

养生之道，在于吃得淡，吃得粗，吃得少；
处世之道，在于吃得苦，吃得亏，吃得重。

脾气要变成志气，
意气要变成才气，
怨气要变成和气，
生气要变成争气。

事大，须有宏远的观点；
事小，须有谨慎的态度；
事难，须有无畏的精神；
事易，须有珍惜的心情。

虽是天才，若常说：“等明日再说吧！”则与庸人无异。
虽是干才，若常说：“让别人来做吧！”则与无能无异。

为与人共事，故要“自己无理，别人都对”；
为增广见闻，故要“事事好奇，处处学习”；
为自我提升，故要“眼光要远，脚步要近”；
为顾全大局，故要“求精求全，瞻前顾后”。

工作要不拖延，
能敬业而不偷懒；
报告要不隐瞒，
能积极而不颓唐；
上示要不违逆，
能受责而不怒颜；
随众要不特权，
能圆融而不极端。

每一时间都是黎明，
每一挑战都是机会，
每一逆境都是考验，
每一善行都是创造。

一忍可以挡百勇，一静可以制百动，
一勤可以成百业，一心可以做百事，
一善可以消百恶，一念可以超百劫。

真正会听的人，要听无声的声音；
真正会吃的人，要吃无味的饮食；
真正会看的人，要看无心的宇宙；
真正会想的人，要想无边的法界。

日有升沉起落，故有晚霞余映；
月有阴晴圆缺，故有皓月当空；
人有悲欢离合，故有聚散情缘；
世有苦空无常，故有真理示现。

会做事的人将事情做“活”了，
所以能越做越大；
会下棋的人将棋子下“活”了，
所以能全盘皆赢；
会撰文的人将文字写“活”了，
所以能感动人心；
会讲演的人将道理讲“活”了，
所以能引起共鸣。

在物质上能淡泊，则不为形役；
在心性上能淡泊，则不为情困；
在名利上能淡泊，则不为世迁；
在情感上能淡泊，则不为境转。

赞美如花香，芬芳而怡人；
助人如冬阳，适时而温暖；
信心如舟航，乘风而破浪；
希望如满月，明亮而美好。

年年不忘春耕，自然能够秋收；时时不离助人，自然能得人助；
念念不起恶心，自然没有业果；处处不搅人我，自然没有是非。

人贵立志，有志者事竟成；
人贵存诚，精诚者金石开；
人贵明理，达理者去向通；
人贵行善，心善者贵人来。

厚道

星云大师的人生成功课

星云大师·著

凤凰出版传媒集团
江苏文艺出版社
JIANGSU LITERATURE AND ART PUBLISHING HOUSE

博集天卷
CS-BOOKY

图书在版编目（CIP）数据

厚道：星云大师的人生成功课 / 星云大师著. — 南京：
江苏文艺出版社，2011.7
ISBN 978-7-5399-3463-1

Ⅰ.①厚… Ⅱ.①星… Ⅲ.①人生哲学—通俗读物 Ⅳ.① B821-49

中国版本图书馆 CIP 数据核字（2010）第 136323 号

出版策划：张　林

厚道：星云大师的人生成功课（插图典藏本）

著　　者：星云大师
责任编辑：刘　霁
插图摄影：王纪言 等
特约编辑：程军川
装帧设计：风　筝
出版发行：凤凰出版传媒集团
　　　　　江苏文艺出版社　http://www.jswenyi.com
集团网址：凤凰出版传媒网　http://www.ppm.cn
印　　刷：三河市华东印刷有限公司
经　　销：新华书店
开　　本：787×1092　1/16
字　　数：280 千字
印　　张：18.5
2010 年 8 月第 1 版
2020 年 7 月第 2 版第 8 次印刷
书　　号：ISBN 978-7-5399-3463-1
定　　价：42.80 元
（若有质量问题，请致电质量监督电话：010-84409925）

目录

壹 励·业·篇

贰

行·止·篇

叁

省·察·篇

肆

悟·达·篇

人和大自然、社会、他人的关系，总说起来，都不及与自己内心的关系重要。心是宇宙人生的主宰，心虽是人体里的一个部位，但它有指挥眼耳鼻舌身的功用，它有策划人生何去何从的功力，它领导吾人时而上天，时而下地，不时地遨游在宇宙大千世界。它可以带你飞黄腾达，也可以让你一蹶不振，穷途潦倒。因此，社会、自然、身体虽然与人的关系密切，但总是客体，总是客观的世界，心才是吾人的根本领导。心领导得好，眼耳鼻舌身，齐心合作；领导得不好，各自分裂，甚至和社会、自然、大众的关系也会搞得不能调和。我们平时要凭着正念、正勤、正道来做人处事；通过般若观照，培养自己的耐心、虚心、诚心、赤子心、清净心、慈悲心、宽恕心、欢喜心、平等心、忍辱心、惭愧心、感恩心……

——星云大师《人的关系》《立身处世》

励业篇

如何出众

千岩万壑不辞劳，远看方知出处高。
溪涧岂能留得住，终归大海作波涛。
——唐·黄檗希运

要有企图心

子贡是鲁国大商，行走各诸侯国做生意。鲁国有项法律：赎回在其他国家当奴隶的国人，赎金最后由国家支付。子贡赎人回来，却不肯接受官府奖赏的赎金，一般人觉得子贡很高尚。孔子却批评子贡这样做错了，鲁国人普遍穷，当其他人再遇到同样情况，就会思忖自己若赎人回来再拿赎金，就在品格上比子贡矮了一截，这样在救人时会有迟疑，就可能放弃，这就会有不良的影响。

摘引自《春秋故事》

世间促成一个人进步的力量很多，企图心是一个很重要的力量来源。因为有企图心希圣希贤，所以要立志发愿；因为有企图心为国为民，所以要发愤图强。有企图心，才能完成人生的目的。

企图心不是图谋不轨，不是为一己之私而钻营；企图心必须导向利人济世的悲心宏愿，必须是向真、向善、向美的动力，如此才不会助长犯罪。

世间有的人为了对社会贡献，为了造福邻里，因此牺牲奉献、奔走呼吁；有的人对忠义道德心生向往，即使杀身成仁、舍生取义，也是心甘情愿。反之，有了不良的企图心就会引发不好的结果，例如贪赃枉法、贪污舞弊、奸巧拐骗、行使诈术、吹牛拍马、贪得无厌、损人利己、不择手段等。因此，企图心的善恶，在君子与小人之间立刻显现；企图心的好坏，在忠奸之前立即分辨；企图心的大小，在圣凡之中立即分明。

企图心不是凭空等待，有了企图心想要成就大事，就应该起而企划筹谋，进而付之行动，如此才能实现愿望。

古今多少名人能成就不世伟业，皆因胸怀壮志。因为有大愿心、大企图心，故能有所成就。班超“投笔从戎”，因为他有效法张骞出使西域的企图心，终于立功，名垂青史；刘秀“得陇望蜀”，因为他有统一全国的企图心，因此得遂所愿。历代多少寒门士子，十年苦读，也是因为有求取功名、光宗耀祖的企图心；乃至刘邦、朱元璋因为有称帝的企图心，故能以布衣之身君临天下。

所谓“三代之前，唯恐好名；三代以后，唯恐不好名”。现代则唯恐没有企图心。没有企图心则懈怠堕落，消极颓唐，一事无成。因此，做人要有做好人、做大人、做伟人、做专家学者的企图心，要有希圣希贤、成佛作祖的企图心，如此才不会空到人间走一遭。

·佛光菜根谭·

立志、努力，纵然不能完全成功，也会得到进步；
发愿、向上，纵然不能完全实现，也会得到进展。

大人物

一个老僧人，身边有一帮虔诚的弟子。这天他让弟子去南山打柴。弟子们行至河边，只见洪水奔泻，根本没办法渡河打柴，无功而返，都有些垂头丧气。唯独一个小和尚，从怀中掏出一个苹果，递给师傅："过不了河，打不了柴，见河边有棵苹果树，我就顺手把树上唯一的一个苹果摘来了。"后来，这位小和尚成了师傅的衣钵传人。

社会上很多人被称为"大人物"。所谓大人物者，不是地位高，不是学问好，不是长得高头大马或长得帅；要能对世间、人类有所贡献，让人感恩怀德，才够资格被尊称为大人物。所以，大人物者必须具备：

一、心量大。俗语说"宰相肚里能撑船"，这是称赞他的心量大。佛教讲"心包太虚，量周沙界"，因为心量大，所以才能成为佛祖、菩萨。一个人的心量有多大，成就便有多大。你的心量能容一家人，多能做家长；心量能容一县之人，就能做县长；心量能容一国之人，就能做国家领导。如果心量不能包容他人，就不够资格称为大人物。

二、志气大。所谓大人物，要有大志气，如范仲淹"先天下之忧而忧，后天下之乐而乐"。有的人做大官，拔一毛而利天下，但不肯为也；也有一些小学生，立志将来要能普利天下苍生。一个人的将来有多大成就，就看他从小的立志如何。人虽一个，心虽一点，但是志在十方、能以天下苍生为己任的人，算是个大人物。

三、眼光大。人的眼光所见，就是用望远镜也不过数千公尺之远；一个真正有眼光的人，肉眼所见虽只数百公尺，但宇宙万有都在他的眼中。很多人立足当下，放眼天下，就是因为他的眼光大；因为眼光大，才能看到国家民族的未来，才能看到世间的苦难，才能看到芸芸众生的需要，才能成为大人物。

四、能力大。所谓大人物，他的一句话就能解决百千万人的苦难，他所做的每一件事都能有益于整个国家社会，他的任何一个念头、想法都是为全人类幸福而打算。这种有能力担当救苦救难之责的人，才算是大人物。

五、胆识大。一个被称为大人物的人，并非因为讲话大声或是敢讲大话，而是因为他的胆识大。过去的一些名相名将名士，每当国家危难之际，他们敢于站出来，做中流砥柱，不计自身安危，只想为国尽忠。像荆轲刺秦王“风萧萧兮易水寒，壮士一去兮不复还”，其胆识何等悲壮！像张良找大力士在博浪沙狙击秦始皇，乃至蔺相如“完璧归赵”，此等胆识，称为大人物，诚乃实至名归。

六、悲愿大。佛教里，观世音菩萨“大慈大悲，救苦救难”、地藏王菩萨“地狱不空，誓不成佛”，菩萨之所以成为菩萨，就是因为愿力大。今日社会上，有的贩夫走卒，所赚无几，但遇国难当头，捐输救国不落人后；有些平凡小老百姓，每逢各地灾难，身先大众，抢先进入灾区救援。另外，一些从事资源回收的环保义工，或是扫街的清洁工，不能因为他们从事社会底层工作就看轻他们，若以发心的悲愿来看，他们都是大人物。

一个社会的进步，就是因为大人物很多；一个社会的衰败，就是因为小人物太多。所以，我们能够放大心量，增强志气，以远大的眼光看未来，再加上有胆有识，有忍有愿，当然就是个大人物了。

·佛光菜根谭·

世间没有小人物，只要发大心，就是大人物；
世间没有大问题，只要虚其心，就没大不了。

怀 抱

心理学家弗兰克在二战期间曾被关进奥斯维辛集中营，身心遭受摧残，他的家人死于非命，但他仍然不懈地观察研究着那些每日每时都可能面临死亡的人，包括他自己。在亲身体验的囚徒生活中，他发现了弗洛伊德的错误。弗洛伊德认为，人只有在健康的时候心态和行为才千差万别，而当人们争夺食物的时候就露出了动物的本性以致行为无以区别。而弗兰克认为："所有的囚徒被抛入完全相同的环境，有的人消沉颓废下去，有的人却如同圣人一般越站越高……在任何特定的环境中，人们还有一种最后的自由，就是选择自己的态度。"

摘引自《行动成功学》

一个人心中怀抱什么，将来就能成就什么。胸怀文韬，日思夜想，当然成就文章；胸怀武略，挥拳舞棍，当然助长武功招式。胸怀社稷，志在邦国，只要出于真情真义，锲而不舍，不管多少年都能完成其志；胸怀天下，放眼全球，将来总有一天，必能为天下人奉献服务。

所谓"诚于中，形于外"，胸中怀抱理想，才能付诸实践。人总要有所抱负，人应该要怀抱什么呢？

一、怀抱群众。有的人胸怀群众，非常乐意为大众服务。"以众为我"的人，只要是大众的事，就当成是自己的事，经年累月，乐此不疲。在民主时代，怀抱群众的人，就可以获取选票，因为心中有大众，必定会被大众所拥护。所谓"敬人者，人恒敬之"，一个被大众拥护的人，只要他能实践怀抱群众的事实，不是一时做作，群众绝不会辜负他。

二、怀抱时空。怀抱群众的人，这是心中有人，另外还要有时间与空间。时空都与人间群众有关系，怀抱时空的人，对于群众所争取的空间不能与之相违，不能不重视时间。时间，事之始也，开学典礼、开业典礼、开工典礼，开张典礼，在时间上，只要有一个开始，锲而不舍地往目标努力，假以时日，必有所为。反之，心中没有时间观念的人，一日拖过一日，一件事从今日延到明日，明日拖到将来，日复一日，胡混时光，到最后“时不我予”，一事无成。空间、地盘也很重要，国家与国家之间的征伐，大都为了土地问题。一棵小草，要给它空间才能生长；一张凳子，也要有一个地方才能安置。时间有过去、现在、未来，空间有此地、他方、十方。胸怀时空的人，因为有人，有时间和空间，还怕将来事业无成吗？

三、怀抱正义。有了人间、时间、空间，更重要的是，还要有正义。有正义的人，群众才乐于跟随，时间用了才有意义，空间用了才有价值。假如没有正义，活到八九十岁，甚至百岁，又有什么意义呢？耶稣、颜回、僧肇、谭嗣同、蔡松坡等，都是三四十岁正当青壮年时逝世，但因其胸怀正义，所以能名垂千古。正义是什么？就是天地大众所要的公理、正道，就是天地间的正气。古来多少英雄豪杰，为正义而战，为正义而牺牲，人间如果缺少正义，就如同一个人缺少灵魂一样。

四、怀抱理想。人不能没有理想，人有生命，牛马及一切植物同样有生命。只是牛马的生命，水草之外别无所求。即使是蜜蜂、蚂蚁，它们虽有团队的精神，但也只看到自己的族类。人的理想，如孙中山的“五族共和”、林肯的“民有、民治、民享”、释迦牟尼佛的“佛性平等”，再如我们现在弘扬的“人间佛教”，提倡生权时代，提倡幸福人生，提倡欢乐家庭，提倡希望将来等，这都是响应“人要有理想”的主张也。人喜欢怀抱什么，就怀抱自己的喜欢。儿女是我的，我喜欢儿女，就怀抱我的儿女；夫妻相爱，彼此认为你是我的，对方也愿意，我就可以怀抱你。爱的，就要怀抱；不爱的，则要去之。一个人假如感觉国家是我的、社会是我的，为什么不怀抱国家和社会，进而感觉无形的慈悲是我的、忠义是我的、服务是我的、贡献是我的，那我为什么不肯怀抱慈悲、忠义、服务、贡献呢？人喜欢发扬自我的精神，忠孝仁爱信义和平都有待我们怀抱它。

·佛光菜根谭·

做人要如滚雪球，越滚越有人缘；
做事要如织锦绣，越织越有成就。

出类拔萃

老张与朋友在公园里散步。这个朋友是他小时候玩伴中公认最笨的一个，现在是一家企业老板。当走到一个岔路口时，来了一个盲人。盲人用竹竿点点探探，走得极慢，走向了他们也要去的那一条路。老张与朋友边走边聊，谈起自己两年内五次跳槽的苦恼。朋友听着，沉默不语。过了一会儿，老张蓦然回首："那个盲人呢？""他已经走过去老远了！"朋友说。"他怎么可能走得比我们快？奇怪！""怎么不可能？我们东瞧瞧西看看，他却是一门心思地在走路……"

摘引自《生活中的故事》

丛林里，其中一棵树长得比其他同类来得高大，就可以说这棵树出类拔萃；山岳在群山中显得高峻突出，这也算是出类拔萃。人群里，才华出众，优点很多，不同于一般的人，也是出类拔萃。

人都希望自己能出类拔萃，受人赏识。人要具备怎样的条件，才算出类拔萃呢？

一、仪表不凡。佛教里，佛陀有"三十二相，八十种好"，这就是仪表不凡。现代人说某人身高七尺，五官端正，英俊潇洒，长得仪表不凡，用通俗的话说就是俊男，或是帅哥，都是仪表不凡。当然，也有些人"金玉其外，败絮其中"，徒有外貌仪表。假如里外一如，不但相貌堂堂，尤其脑筋清楚、思想周全，才算名副其实。今人每说到关云长，就觉得他有英雄气概；说到李世民，就称赞他是标准的帝王，应该说他们都是仪表不凡，所以出类拔萃。

二、智慧超群。在一个公司里，某人特别有办法，再困难的事到他面前都能迎刃而解，大家就称赞他智慧超群；因为他的巧思过人，这就是出类拔萃。庄子虽然官卑职小，不获重用于当时，但是他对人生的思想豁达远大，他就是智慧超群。孔子曾自谦“吾不如老农，吾不如老圃”，因为他的谦卑，更显出他智慧超群。在佛教里，阿难尊者能把佛陀数十年的说法背诵出来，供大众结集佛陀的言行，所谓“佛法如大海，流入阿难心”，这当然也是智慧超群。现代世界上有很多过目不忘、辩才无碍的人，他们都可以说是智慧超群、出类拔萃的人了。

三、胆识过人。所谓胆识，就是不光有胆量，还要有见识；胆识具备，才能称为出类拔萃。像完璧归赵的蔺相如就是胆识过人，像不辱使命的晏婴就是胆识过人。晏婴代表齐国出使楚国，他不因自己身躯矮小而有辱大国风仪，严词拒绝从小门进入，并且机智勇敢地发表一席谈话，终让存心羞辱他的楚国不得不开大门迎接，他就因为胆识过人而能出类拔萃。

自古以来，多少人从败中反胜，转危为安，化险为夷，都是靠过人的胆识。我们翻开历史，有胆识的人战无不胜，攻无不克；反之，一些没有胆识的人，只靠匹夫之勇，甚至胆小如鼠，以致每役必败，这就不是没有原因的了。

四、宽宏大量。世上的英雄俊杰所以成功，都有一个共同的特点，就是心量宽大。像汉高祖刘邦重用萧何、韩信、张良，他说：“制定领军政策、法律条文，用以安邦定国，吾不如萧何；领兵征战，以少胜多，不畏艰难，吾不如韩信；出谋擘画，运筹帷幄，决战于千里之外，吾不如张良。”因为刘邦能容人，故有大汉江山。所以，一个人度量有多大，成就就有多大，唯有宽宏大量、气度恢弘的人才能出类拔萃。

·佛光菜根谭·

一个人要出类拔萃，必须从小养成“接受”的习惯，
一味地“我想”、“我愿”、“我要”、
“我觉得”、“我认为”、“我喜欢”等等，
可能是原动力，也可能是进步的阻力。

你敏感吗

推销员在街头推销气球。生意稍冷清,他就会放出一个气球,当气球在空中飘会吸引顾客聚拢来。他每次放气球都换颜色，白的、红的、黄的……一个黑人小男孩拉了一下他的衣袖:“先生,如果你放的是黑色气球,会不会上升?”推销员看了一下他,答道:“孩子，那是气球内所装的东西使它们上升的。”

摘引自《哲理故事》

敏感就是感觉敏锐，有的人对外界事物反应很快，我们就说他很敏感。动物里，狗的鼻子最敏感，猫头鹰的听觉最敏感。植物里，含羞草遇到碰触会合起叶子，因为它的触觉很敏感；向日葵对光线最敏感，所以会向着太阳开花。

人类也是敏感的，善用敏感的人更能创造辉煌人生。

一、对时势敏感，可以掌握先机。世界的经济发展要靠敏感的睿智才能掌握先机，股票的涨跌也要有敏感的觉知才能拟订对策。人都有知的权利，更要懂得掌握知的重要。例如能对国际局势、时事发展有敏感的觉知，就会知道世界上哪里投资最能获利，哪里居住最为安全，和哪些人来往最能抢到先机，做哪些事最能符合时代潮流。对时势的敏感，有的是眼睛看的信息，有的是耳朵听的信息，有的是从点点滴滴的琐碎事情中归纳出来的。人要有敏感的反应，尤其思想上最需要敏感，经济学者、军事专家、政治掌权者都要敏感才能立足当今社会。

二、对专业敏感，可以创办事业。王永庆因为对塑料的信息敏感，所以能创造塑料王国；施振荣、林百里等因为对电子业敏感，所以能创造电子科技产品。一些市井小贩，因为知道在哪个小巷卖烧饼油条会有生意，就在那里摆地摊较能赚钱。这都要靠对环境信息的敏感，才能有专业的判断，才能致富。他们如果没有掌握世界的专业信息，哪里能事业有成呢?

三、对时间敏感，可以提高效率。有的人在生意上错失良机，就是因为没有掌握好时间，一切可能的成就都随着时间悄悄流逝了。

四、对处事敏感，可以进退有据。对于共住的亲族家人要有敏锐的感受，才能知道别人需要什么，自己的言行能否让别人接受。在机关里，和长官、同事相处，也要用心观察，才能知道其好恶，自己才能适应环境。总之，一个人纵然知天下事，不知进退，总是愚人；能知进退，处事圆融得体，才能成为真正有敏感度的智者。

·佛光菜根谭·

从一沙一石中看到无限的世界，
从飞湍鸣涧中听到真理的声音，
从刹那因缘中感受永恒的未来，
从明月清风中体悟清净的自性。

秘方揭秘

人和猩猩一起吃饭。天气冷，人对着手哈气。“你这是干什么？”猩猩问。人答：“我的手冷，哈点气叫手头暖和暖和。”吃的东西端来了，热气腾腾的。人俯身吹吹气。猩猩问：“你这又干什么？吃的东西已经很热了。”人答：“吃的东西太热了，我吹吹，把它弄凉点。”猩猩说：“人用同一张嘴，又把东西哈热又把东西吹凉，像什么呀？”

摘引自《寓言故事》

中国人是一个爱用秘方、相信秘方，甚至制造秘方的民族，中国有许多的秘方又称“不传之秘”。所谓秘方者，就是秘而不宣、隐而不公的妙方。世间凡事凡物，只要经过专人研究，发现其中的物理之奥妙，能够公之于世者，就成为科学知识；不肯公开，就称之为秘方。

德国的伦琴发现了X光的原理，即刻宣布X光为全体人类所共有；居里夫人发现了镭元素提炼法，立刻提供出来造福全体人类。他们不希望以此申请专利，获得财富。

过去中国人发明火药、指南针、造纸，也都公之于世界，这许多伟大的发明直至今日还让中国人扬眉吐气于世界。但不知从何时开始，中国人保有很多的秘方，不肯公开成为全人类的财富，例如有许多治病的秘方、养生的秘方、美容的秘方、增高的秘方、瘦身的秘方，甚至学习语言的秘方、生男育女的秘方，乃至做菜的秘方、种植的秘方等。

自己拥有的知识方法，不肯公之于世，到最后所有的秘方都随着自己进入棺材，于世不传，实为可惜。像过去的武林人物，都讲究独门武功，各门各派均有其特殊的招术，称为不传的秘籍。秘方不外传，有的固然是担心所传之人的人品操守不好，利用秘方危及世人，但绝大部分是为了保有私人的利益，所以过去中国人的观念里便有“传媳不传女”的说法。因为媳妇是自家人，女儿嫁出去会把秘方外传，所以亲如女儿都不能得知秘方的内容。

其实，知识应该是公共财富。现在举世各国为了提倡科技的研究，都设有专利权，一面保障个人的智慧财，一面也让专利受到时效的限制，不致成为不传之秘，此即“你有政策，我有对策”也。

现在社会上尤以医药的秘方之多，像万金油、绿油精、五分珠、龙角散、西瓜霜、正露丸、云南白药、金十字胃肠药等，都有专利的保障，也有秘方的保有。相较于伦琴X光的发明和居里夫人镭的发现，不为一己之私肯将一切公之于世的精神，真是令我们汗颜。

现在世界各国的商人也都群起效法中国人的秘方私有，如百事可乐、可口可乐、麦当劳汉堡、星巴克咖啡等，也跟永和豆浆一样，成为不传之秘。你要吃豆浆，只有到永和去。

《六祖坛经》里有人问慧能大师：“上来密语密意外，还更有密意否？”慧能大师答云：“与汝说者，即非密也；汝若返照，密在汝边。”秘方就是各人自己的智慧，只要找到自己的智慧，又何必在乎别人的秘方呢？

·佛光菜根谭·

我，是自私的、痛苦的，有我就有分别，有分别就有痛苦；
能无我，自然不会自私执著，自然会拥有更多、更大的空间。

成就的条件

孟子对戴不胜说："如果有个楚国大夫，想让他儿子学说齐国语言，那么是让齐国人教他呢，还是让楚国人教他呢？"戴不胜答："当然是让齐国人教他。"孟子说："一个齐国人教他，却有许多楚国人跟他说楚语，干扰他，那么即便天天鞭打他逼他学齐语，也是办不到的；如果把他领到齐国临淄城内最繁华的街市，在那里住上几年，那么即便天天责打他要他讲楚语，那也做不到了。"

摘引自《寓言故事》

有一首偈语说："三十三天天外天，九霄云外有神仙；神仙本是凡人做，只怕凡人心不坚。"每一个人都想成就一番事业，过一个轰轰烈烈的人生，但往往事与愿违，一心向往的成就就像煮熟的鸭子会飞走，只有慨叹时运不济。其实世间凡事都有因果关系，只要我们有善的因、善的缘，何患没有成就？兹将成就的条件提出如下看法：

一、身心愉快。人要乐观进取，前途才会平顺。一个生性悲观，甚至性格懒散的人，当然一事无成。假如身心愉快、性情平和、正常，这就是成就事业的基础。

二、勇气胆识。要想成就事业，不能只靠理想、计划，还必须有勇气、胆识。历代的王侯将相，乃至一代君主如刘邦、刘秀、李世民、赵匡胤、朱元璋等人，不都是凭着勇气、胆识，才能成就一番事业的吗？

三、工作胜任。一个人要想成就事业，不管大小工作都要做好，要有使命感，不可以做一项嫌一项。只要有意义的工作，就应该耐心地做下去，对工作能愉快胜任，这是创造成就的重要因素。

四、时势所趋。英雄造时势，时势造英雄，有的人才不能遇到时代的机遇，所谓“时不我予”，徒叹奈何。因此，要想成就一番事业，天时、地利、人和都是非常重要的因素。

五、贵人扶持。一个英雄好汉也不是靠着单枪匹马就能纵横天下，所谓“独木难撑大厦”，个人资质再好，还是要靠一些良师益友的助成。像汉高祖刘邦，若无吕雉之父吕叔平的慧眼识英雄，也不能成就一代帝业；汉光武刘秀，若无严子陵为他招贤纳士，也难有东汉之兴。没有魏徵、长孙无忌、房玄龄等名相，何有唐太宗？所以，贵人的扶持，也不能说不重要。

六、诚信勤劳。任何事业都是共成的，要想从中突出，必须比别人更勤劳、更吃苦、多牺牲、多忍耐，否则谁愿意望风跟随？尤其诚信更重要！诚信与朋友交，就能共创事业；无诚则心不真，无信则事不立，所以诚信是成就事业的最大关键。

七、风云际会。江山代有才人出，但也要靠因缘际会才能成功。风云际会其实就是因缘所成，世间无论什么事，因缘合则成，因缘灭则散，所谓“有缘千里来相会，无缘对面不相逢”。一粒种子，要靠风雨、阳光、土壤等因缘，才能成长；一个儿童，要靠多少因缘栽培，才能出人头地。所谓时代的风云、人生的因缘，对于一个人的成就都非常重要。

以上成就的条件，也只是略说而已，其实任何一个人的成功都不是一蹴而就的。等于建房子，多少的沙石、多少的钢筋、多少的水泥，基础厚实，才能将大楼一层一层建起。“欲穷千里目，更上一层楼”，你的人生能有多大的成就，就看你做了多少准备而定了。

· 佛光菜根谭 ·

树之毁灭，因为役于刀斧；人之毁灭，因为丧失良心。
恒心是成功的根本，怠惰是败事的先驱。

极　限

我从弱者身上学习到强者的真理，并且发而为言，利乐大众。我告诉哑巴："你们是世界上口业最清净的人。"我告诉聋子："不听是非是世界上最幸福的人。"我告诉盲者："方寸之间是最美丽的世界。"我告诉肢体残障者："心灵的健康是世界上最宝贵的资产。"我对因故失学的青年说："我一生从没有领过一张毕业证书，有志气的人应该以天下为我们的教室。"我对家境贫苦的儿童说："我幼年时曾以拾荒为生，由于少时多能鄙事，故能在日后承担艰巨的工作。"

人的潜能无限，但是在世间，有形有相的东西都有极限。大楼能建多高，已经给你放宽到极限了；土地能用多少，也已经给你开放到极限了。

民众要求官员给予帮忙，官员说"我能用的权力已经到了极限"；民众到银行贷款，职员说"你的贷款额度已经到了极限"。世间都有极限，在极限里做事，当然不能超越不出。不过极限以外，还是有无限，例如我无限的想念、我无限的爱羡、我无限的尊敬、我无限的发心。这种无限的标准在哪里？只是一个概念而已。

佛教里都讲究无限。虚空无限，我愿也是无限；众生无限，我的慈悲也是无限。其实，世间到处都是“有限公司”，从来没有“无限公司”的成立，因为在财务、业务发展上总有个极限。

人有极限，人的极限源自于：

一、极限在恐惧里。人有恐惧，缺乏信心，因此生起了“我不会”、“我不能”的心理，就为自己设了一个极限。恐惧我的钱财用完了，不能再来，就限制自己的开支；担心把东西给人，自己没得用，就限制了跟人结缘的机会，所以恐惧是造成极限的罪魁祸首。其实人生不要怕没有，只要甘于牺牲，欢喜奉献，人生的潜能、因缘是无限的。

二、极限在懒惰里。懒惰也是造成极限的原因，因为懒惰就不想再有更大的发展、更高的成就，觉得我有一碗饭吃就好，我有一份工作做就好；由于自己懒于奋斗，懒于向前，就自我设限，不敢向无限挑战。做一件事情，懒惰的人认为自己没有办法把事情做好，于是干脆不做；好不容易发了一个心，想到养老院去当义工，才为老人服务半天，就觉得累不可支，于是打退堂鼓。一个人因为惰性使然，连带把自己的爱心、能力都减弱了，所以成就自然也有极限。

三、极限在安逸里。人性以追求快乐为目的，多数人在得到少部分快乐之后，立刻心满意足，不想再追求更多的解脱自在之乐。由于人性喜欢安逸，容易满足现状，对于无限的法喜、无限的禅悦，不懂得要去追求，因此无法超越极限。唯有对无限的真理之乐，生起向往之心，并且勇猛精进，不断追求、不断发掘，才能突破极限。

四、极限在固执里。固执更是限制吾人向无限发展的最大障碍。所谓无限，就是没有藩篱，没有限制；但有一些人思想固执，于是限制了自己的心量，也限制了自己的慈悲。一个固执于小心小量、小志小愿的人，正是所谓“夏虫不足以语冰，井蛙不足以曰天”，如此怎么能超越极限呢？

·佛光菜根谭·

不择细流者才能成江海，不辞土壤者才能成高山；

不耻下问者才能致渊博，不文饰非者才能尽善美。

吃苦就如吃补

云在青天水在瓶，眼光随指落深坑。
溪花不耐风霜苦，说甚深深海底行。
——宋·张商英

捷　径

有个工匠以打制金属装饰品为业，挣的钱不多。工匠常常想怎么样才能很快发财。一次，工匠出门，正赶上皇帝出巡。皇帝头戴的平天冠突然坏了，只得叫贴身侍臣问一下百姓有没有会修补的。工匠从人群里钻出来，三下两下就修好了。皇帝高兴，赏赐给工匠十分丰厚的财物。回家路上，工匠遇到一只大老虎，叫声中充满了痛苦，壮着胆子一看，原来虎爪上扎了一根竹刺，鲜血直流。工匠取出随身工具就把竹刺给拔出来了。不一会儿，老虎衔来一头鹿放在他面前。回到家里，工匠赶紧叫来妻子："我们要发财了，我有两个技术，可以马上致富。"他将一块"专修平天冠兼拔虎刺"的牌子挂了出去。

摘引自《寓言故事》

捷径就是抄近路，不需要绕远道就可以到达目的地。一般人都喜欢抄捷径，甚至当官也有“终南捷径”可走。唐朝宰相卢藏用，在他初中进士时未能如愿获得官职，因此特意隐居在长安南面的终南山，以待朝廷征召，后来果然以“高士”之名入仕；后世一般士子起而效法，认为到山林隐居，建立社会清流的形象，博得隐士的美名之后，比较容易获得应召当官的机会，“终南捷径”乃成为官场捷径的代称。

说到捷径，人生也有一些可以获得事半功倍的捷径，例如：

一、走路是健康的捷径。现代人为了健康，三餐饮食外并补充各种营养品，乃至聘请家庭医师。其实养生最简单的方法就是走路。中国人早就说过“饭后千步走，活到九十九”，早晚千步，勤于走路，走路就是健康的捷径，这在医学上已经获得证实。所以，现代人想要长寿，就要勤于走路。

二、勤劳是致富的捷径。人人都想发财，却苦无方法，其实勤劳就是致富的捷径。“勤有功，戏无益”，你勤于工作，工作有成果，那就是财富。一个人只要有心，山林的开垦、农林的种植、工厂的劳动、商店的经营，甚至摆个地摊，每天都有收入，则致富只是时间早晚的问题。

三、读书是成名的捷径。知识学问是无形的财富，所谓“书中自有黄金屋，书中自有颜如玉”。读书人“十载寒窗无人问，一举成名天下知”，如果你读书有成就，那就是成名的捷径。因为读书以后，知识丰富，器度恢弘，能办大事，怎么不会成名呢？

四、亲切是交友的捷径。每个人都希望结交朋友，所谓“在家靠父母，出外靠朋友”，多结交益友，对自己的前途会有很大的帮助。一个人如果傲慢、悭吝、自私，很难交到朋友；待人要真心、热诚、主动、亲切，不但热心为人服务，而且脸上多一些笑容，口中多一些赞美。能够真心、亲切地待人，自能赢得友谊。

五、服务是结缘的捷径。人缘好，就代表一个人做人成功。人缘不是靠阿谀谄媚、虚伪奉承别人就有好人缘，人缘要靠我们真心诚意地为人服务，热心帮人排难解纷。在这个现实的社会里，热心服务的人不会寂寞，你给人多少服务，别人也会回馈给你同等的友谊。所以只要你热心助人，给人方便，给人欢喜，还怕没有好人缘吗？

六、赞美是升迁的捷径。每个主管或领导人，都希望获得属下的服从、拥戴，甚至赞美，最忌讳部属与他意见相左、想法不一，乃至语言讥讽。假如我们对上司多一些赞美，多一些顺从，则升迁的机会自然会增加，所以说“路在口边”，升迁的道路也在口边。

人生的道路，必须脚踏实地，一步一脚印地走，不能躐等，不能好高骛远；但有时候懂得一些捷径，可以迅速实现目标，只要是正道，也不是全然不可行！

·佛光菜根谭·

大事不糊涂，小事不苛求，此乃事业成功之捷径；
善德不嫌多，恶习不沾身，是为修行佛道之初阶。

任劳任怨

演讲会上，有人问日本“推销之神”原一平的推销秘诀，他当众脱掉鞋袜，将提问者请上台：“请你摸摸我的脚板。”那人摸了摸，说：“您脚底的老茧好厚啊！”原一平说：“因为我走的路比别人多，跑得比别人勤。”

摘引自《推销之神原一平》

人在世间生活不能不做事，做事不但讲求能力，讲求机智，尤其要任劳任怨。一般人任劳容易，任怨就很难了；能够任劳又任怨，那才是难能可贵的啊！

有的人做事很耐劳，起早待晚，从不抱怨辛苦，忍饥忍饿，也不诉说怨尤，为了把事情做好，冒险犯难、牺牲奉献、废寝忘食、殚精竭虑，种种的辛苦从不计较。

一个家庭主妇，煮饭洗衣、洒扫庭院、花园浇水，尤其生儿育女，推干就湿，用一生的岁月换来全家的快乐。

一个部属随从，跟随长官领导，不计烦琐，不论晨昏，为主效忠；尽管任务艰巨，前途障碍，一样尽忠职守，不生退心。

农夫在田里耕耘，太阳下的炎热、暴风雨的侵袭，从不畏苦，也不喊累，只要农田的收成良好；工人在工厂上班，增加生产，提高质量，不计加班熬夜，不论待遇菲薄，总是感念老板的知遇之恩，种种辛劳毫无怨言。

但是，一个人在耐劳之外，假如有怨言，就不容易接受了。而怨言随时随处都能加之于你，所谓“当家三年狗也嫌”，做任何事都难以给人十分的满意。

例如，你每日从晨至暮辛勤地工作，他还是怪你夜晚没有加班；你一再用心改良产品，他还是怪你没有为产品宣传。又如在一个团体里，你有学问，他说你不会做事；你会做事，他说你没有口才；你有口才，他说你不会外语；你擅长外语，他说你没有亲和力；你有亲和力，他说你长相不够庄严……总之，怎么样的辛劳都心甘情愿；一有抱怨，就心不甘情不愿了。所以，良言慰语，对一个任劳勤苦的人来说，比加倍给他薪水、升他的官位还更重要。

佛经说：“不能忍受毁谤、批评、恶骂如饮甘露者，不能名之为有力大人也！”吾人在世间做人做事，要能做到没有人怨，是不可能的，所以凡事只要但求无愧我心，岂能尽如人意？奉劝所有工作者：你们能够任劳，不算有功；能够任怨，才是有力之人。

·佛光菜根谭·

欲知涵养心量，须看乱时气势；
欲知谦恭进退，须看利益当前。

吃苦就如吃补

有人欺骗我时，自忖我是出家人，就必须宽大为怀；有人毁谤我时，自思我是出家人，就不会寻仇报复；有人加害我时，自许我是出家人，就需以慈心相向。长年经历困顿蹇厄的环境，并没有将我打倒，唯愿天下苍生皆得福禄寿喜；经常遇到无理取闹的众生，也没有令我气馁，唯有祝祷法界有情智慧如海，明理通达。所有的冤亲债主、荣辱毁誉，透过“难遭难遇”的信念，化为忍耐、宽容，便能逆来顺受，甘之如饴。

人，大多数都喜欢尝甜头，不欢喜吃苦。

其实，人生本味，酸甜苦辣，百味杂陈。有人喜甜，有人爱酸，有人吃苦，有人好辣；一桌佳肴，有酸甜苦辣，能够各食其好，各取所需，皆大欢喜！

“酸甜苦辣”都是人生本味，如果人生想要创造未来，耕耘前途，发展事业，只能吃甜，不肯吃苦，就不容易有所作为了！

“吃得苦中苦，方为人上人”，又“不经一番寒彻骨，焉得梅花扑鼻香”。吃苦，是成功必经的过程，你要想有所成就，就必须埋头苦干、勤劳苦作、寒窗苦读、静心苦学。因为苦是人生的增上缘，如果不经过苦读，不经过苦学，不经过苦练，不经过苦磨，是不能成功的。

不经过风霜苦寒，哪里知道温暖的可贵；不能深切认知人生苦短，哪里懂得精进勤学？所以，吃苦就如吃补。有了今日的辛苦播种，他日自然会有苦尽甘来的甜美果实。

俗语说：“不吃苦，就不能做佛祖。”自古的伟人圣贤，哪一个不是从苦难中慢慢奋斗成功的？佛陀六年苦行，达摩九年苦苦面壁。王宝钏经过十八年苦守寒窑，才为人记忆；苏秦悬梁刺股苦学有成，才为人所称道。所以，苦是人生的增上缘。

佛教并不提倡吃苦，即以修行而言，认为乐行太过热烘烘、苦行太过冷冰冰。所以在苦乐之间，佛教倡导中道。当乐的时候，应该要节制，不能乐极生悲；当苦的时候，应该敢于面对，百折不挠，冲过苦关，前途自然柳暗花明又一村。

一个人的成就常常都是从血汗、辛苦、委屈、忍耐、受苦中，点滴累积而成。正如松柏必须受得了霜寒才能常青；寒梅必须经得起冰雪才能吐露芬芳！

"伟大"，是多少辛苦和努力换来的赞美词。吃苦就是吃补，诚信然也！

· 佛光菜根谭 ·

一个人如果怕吃苦、怕吃亏，则成就有限。
每件事情的成功，都是有过程的，
就是要耐烦、耐久、耐屈、耐苦。

合作与分工

有这样一个实验：把六只猴子分别关在三间空房子里，每间两只，放着定量食物，但放的位置高度不一样。第一间的食物就放在地上，第二间的食物从易到难悬挂在不同高度的位置上，第三间房子的食物悬挂在房顶。数日后，第一间房子的猴子一死一伤。第三间房子的猴子也死了，只有第二间房子的猴子活得好好的。究其原因：第一间房子的两只猴子一进房间就你争我抢。第三间房子的食物放得太高，猴子够不着，饿死了。而第二间房子的两只猴子先是各自取食；随着悬挂食物高度的增加，只有一只托起另一只配合取食。这样，它们每天都能取到食物。

摘引自《故事中的管理学》

世间无论做什么事，合作才能成功，合作才有力量。例如一个人的身体，眼睛要看，耳朵要听，脚要走路，手要拿东西，嘴要说话，虽然功用不一样，但必须合作。合作，做人才能成功；合作，做事才能有成就。

人的手掌有五根指头，单靠一根指头无法提物；如果五指合作并用，才能成为一个拳头而更有力量。又如一根木柴，不容易烧得起火；一大把木柴放在一起，就能发出熊熊的火光。所以世间一切成就必须众缘和合，必得集合众多的力量一起合作才能众志成城。因此，人不要嫉妒别人，不要排斥别人，唯有大家合作，才能得到彼此的方便与顺利。

在一间房子里住了瞎子、哑巴与跛子三个人。一天房子失火，情急之下，瞎子请哑巴驮着跛子，由跛子指引哑巴找到出口，瞎子跟随在后，三个人合作，顺利逃出火宅。这个故事说明，人只要肯合作，就没有办不了的事。

宇宙地水火风，因缘和合才能生长万物；土木瓦石，条件具足，才能兴建房子。矿物经过分子合作，才有石油、合成树脂、合成纤维等新产品；音乐表演要通过合奏、合音、合唱，才能发挥音域的宽广和谐之美。商业经营也有所谓的合股、合资、合伙、合作社之组织，国际间也有合众国、联合国的政治形态。小沙石要集合才能堆砌成山丘，小水滴要合流才能会聚成江河大海。合，才能大；合，才能高；合，才能好；合，才能成。

合作固然重要，但也要懂得分工。分工才能各司其职，才能分层负责。一个团体中，主管要懂得授权，授权就是分工；部属要懂得团结，团结就能合作。分工与合作考验彼此的默契，就像“二人三脚”，必须默契十足，动作一致，才能在缺陷中发挥互补的效能。

人体中，眼耳鼻舌各司其职，就是分工；五指或握拳或成掌，就是合作。六根要能互用无碍，拳掌要能舒卷自如，才能成为一个五官健全、根身正常的人。在军事作战上也有所谓“分进合击”，经由不同的路线分别向目标包围，才能一举歼灭敌人。

所以，当合作时要全力以赴地合作，当分工时也要做适当地分工。能够分工合作，团体才会健全；懂得合作分工，人际才能圆融。

· 佛光菜根谭 ·

不要强迫别人一定要跟自己相同，
须知“方便有多门，根机有多种”，
更不必要求人人都顺从我的意思，
眼耳鼻舌各司其职，才能成为健全的有用之人。

惯　性

父子俩每天都要赶牛车下山卖柴。父亲较有经验，坐镇驾车。山路崎岖弯道多，儿子眼神好，总会在要转弯时提醒：“爹，转弯啦！”一次父亲因病歇息，儿子一人驾车。到了弯道，牛怎么也不肯转弯，儿子下车又推又拉，牛一动不动。最后只有一个办法了，他贴近牛的耳朵大声叫道：“爹，转弯啦！”牛应声而动。

摘引自《寓言故事》

惯性就是累积而成的习性。喜欢看书、听音乐是惯性，布施、行善是惯性，睡午觉也是惯性，做事拖拉、赖床、有购买欲也是惯性，随地吐痰、经常迟到、叉腰等都是惯性。

牛顿的惯性定律说：“静者恒静，动者恒动”。人的善恶习性也是如此，如果我们不常自我观照，不自我改进，日常的小习惯、小动作，久而久之就变为惯性。

惯性就如地球，每天自转，但生活在地球上的人们却察觉不出来。如斜眼看人、不予而取、口头禅、摇头晃脑、手脚摆动、讲粗话、挤眉弄眼、讲话大声、说谎、对人苛刻、懈怠、拈花惹草、攀缘、沽名钓誉、好名好利、搬弄是非、喜欢替人戴高帽子、抽烟、酗酒等都因习以为常而浑然不觉，“如入鲍鱼之肆，久而不闻其臭”。

此外，任劳任怨、你丢我捡、随喜功德、说好话、勤奋、节俭、好学不倦、助人为乐、幽默感、欢喜说笑、乐观、运动等，都是久而自芳的好惯性。

佛教经典《爱道比丘尼经》提到“女人八十四态”，这就是女人的八十四种惯性；《毗婆娑论》也有提到佛陀的弟子毕陵伽婆蹉，过去五百世中为婆罗门，生性憍慢，呼婢唤女已成习惯，每次过恒河都唤河神为“小婢”，虽然佛陀要他向河神道歉，他还是惯性地对河神说“小婢！莫嗔，我与汝忏”。而佛陀的大弟子，头陀行第一的迦叶尊者，有一次他听到四干闼婆王奏乐，竟不自觉地手舞足蹈起来，原来迦叶尊者过去生中曾做乐人。可见，习性一旦形成惯性，就很难改过。

唐朝白居易的“惯听梨园歌管声，不识旗枪与弓箭”，以及孟子所说的“生于忧患，死于安乐”，都是在说明，人如果惯于安逸的生活，这也是国家的危机啊！

除了个人习惯上的惯性外，生活环境、企业政策也都有惯性。惯性不见得都是不好的，但是，即使是好的惯性，没有作适度的调整，也会脱离社会的潮流，很容易被淘汰。

个人改变不好的惯性才能进步，企业改变惯性才能另辟蹊径，生活改变惯性才能多彩多姿。《后汉书》曰：“匪砥匪革，终沦嬖习。”如有不好的惯性，一定要痛下决心改过，以免沦为恶习。

·佛光菜根谭·

不夸小善，终积大德；

正如涓流，点滴汇聚，终成大海；
不除小恶，终必败事；
则如磨石，不见其减，日有所损。

不要等待

汽车公司总裁莫端要求秘书把呈递的文件放在颜色不同的公文夹中：红色的代表特急，绿色的要立即批阅，桔色的代表这是今天必须注意的，黄色的则表示必须在一周内批阅的，白色的表示周末时须批阅的，黑色的则表示是必须他签名的。

摘引自《故事中的管理学》

这一生能够做完的事，这一生就把它做完，不要等到来生；今天能够做了的事，今天就把它做了，不要等到明天；自己能够做好的事，自己就把它做好，不要等待别人。

机缘是要等待的，实力是要养成的；但是，发心、实践是不能等待的！

凡是共成的事、有牵制的事，是需要等待的。饭未煮熟，锅盖不要轻易一掀；蛋未孵熟，母鸡不可轻易一啄。但是，一些好事、善事，是不容蹉跎、不容等待的！

一块土地可以盖一栋房子，自己不盖，等待儿子长大；儿子大了，却把土地赌输，卖给了别人！一桩善举可以造福广大群众，迟迟不肯捐钱；经历一场大火，始知财富乃“五家”所共有！

愚人请客，要等待客到的那天才挤牛奶，但是客到牛已无乳了。道元禅师晒香菇，说不在有大太阳的时候晒，难道要等太阳下山才晒吗？

所以，凡事不能等待别人，别人不是我；凡事不能等候明天，明天还未到来。可以做好事的时候，不要等到发财以后才做，因为发财以后不一定想要做好事；甚至财未发，无常已经到来了，因此凡事不能等待。阳明山上的樱花很美，但是你要赶在花季的时候前往欣赏；等有时间，永远没有时间，正如等到发财，永远不能发财！

佛教讲“照顾当下”！等待明天，明天过了还有明天；等到以后，以后还有以后。等待中，浪费了多少的今朝明日；等待中，消耗了多少的希望与雄心！只会等待的人，永远不能成功！

不要等待，要有行动的力量；不要等待，要有即刻办的精神！不要等待，才有成功的希望；不要等待，才有无限的未来！

你要等待，身体衰老了！你要等待，头发变白了！你要等待，无常到来了！你要等待，机缘丧失了！

等待，等待，春天播种的时候过去了；等待，等待，黄金随着潮水流走了；等待，等待，夕阳眼看着就要下山了；等待，等待，无常的弓箭就要射向你了。等待的人，虚幻渺茫的主人会接见你！等待的人，一事无成的家园会等着你！等待的人，暗淡无光的黑夜会笼罩你！等待的人，空白人生的世界会有你的一份！

凡事不要等待！把握现在，才有希望的未来；把握当下，才有美好的人生。切莫等待，消磨了人生，空悲切啊！

·佛光菜根谭·

人生如行船，无论何时何地，
都要张满信心的风帆；
人生如战场，无论是安是危，
都要鼓舞奋发的斗志。

用感恩心回馈

三十年来寻剑客，几回落叶又抽枝。
自从一见桃花后，直至如今更不疑。
——唐·灵云

人家要我

加完班后已是晚上十点，小李走进附近的一家小吃店，叫了一份炒饭。突然他听到了有两个人的小声对话：“饭没有了。”“再煮一锅。”“再煮一锅？”“再煮一锅。”在座位上喝着茶休息了近半个小时，小李吃到了炒饭。他问老板：“饭店要打烊了，你再煮一锅饭岂不浪费？你可以叫我再换一家餐厅的啊！”“不浪费。要想吸引顾客，做宣传打广告的费用远比一锅饭的成本大得多。另外，您已经走进我的店里了，这就给了我们机会，机会也是成本啊！”

摘引自《故事中的管理学》

现代青年步入社会，有的人一开始就要求就职的对象应该如何待我，包括对自己要重视、待遇要提高、假期要自由、工作要轻松等等——不用说，这都是失败的观念。有一种人懂得自我要求，他知道对公司要有所奉献，要能担当责任，要对上司交代的工作如期完成——不用说，这种人必定容易成功。

遗憾的是，现代就业的青年缺乏正确的观念，一开始就想到“我要什么”。你要什么，儿童时期可以向父母撒娇，读书的时候可以向老师请教，现在就业由不得你要什么，要什么只有看看人家要你做什么。能迁就“人家要我”，能满足人家的需求，这样的就业青年，纵有工作上的问题，但由于观念正确、行为正当，前途必定可期。

人家有什么要我的呢？

一、人家要我勤劳。人家要我勤劳，我能对工作不勤劳吗？一个员工每天懒散懈怠，老板不是请一个公子哥儿来当少爷，动则就要休息；不勤劳的员工，没有获得主管的信赖，你想要长久地干下去，此实难矣！

二、人家要我诚信。人家要我诚信我不诚信，说谎、耍嘴皮子、借故托词、善用心机，主管们要这种部下吗？人不诚实，主管难以信赖；人无信用，主管难以放心。所以光是考虑自己需要什么，没有考虑主管需要什么，这与工作信条不合，难以从工作里获得成就。

三、人家要我发心。一个公司团体需要发展，一亩农田山地需要开发，你没有发展的心愿来配合主管的需要，你能适任工作吗？假如你发心只为工作需要，不计报酬，只为工作成果，不计自我的成就，只为让主管满意，不为自己而执著，做到勤劳、诚信、发心，你说主管会不对你建立信心吗？

四、人家要我正派。一个人就算有勤劳、诚信、发心，但是别人对你的要求是无限的，尤其正派是每个行业基本的要求。有的人聪明有能力，但做人不正派，所谓“欺世盗名”于一时，但不能长久。禁得起长久考验的，必定为人正派。例如，管财务的不盗小利，管行政业务的不想投机取巧，管人事的不以成见私情决定好恶，负责生产的不想偷斤减两。有多少耕耘就有多少收获，公私分明，主管自然了解。

五、人家要我尽责。人家要不要我，决定在于尽责与否。人家雇用我，绝不是恩惠情义，也无义务，主要的就是看我对工作尽责与否。我能尽责获得主管的信任，前途必能一帆风顺。就算是做了主管，也要让部下认为自己是一个尽责的人；假如你不尽责，居功诿过，不管上下，都不会欢喜你。一旦主管不欣赏你，部下不拥护你，如此你想生存就很困难了。

六、人家要我主动。一个工作者，不能全部听命于人。人家要我做什么我就做什么，人家没有要我做什么我就什么也不做，这种三四流的乖乖人才不容易升迁。现在的社会竞争很大，必须主动思考，主动尽心，主动发展，主动对人有所贡献。主动的人才与被动的人才，其成就与价值，自是不可同日而语。

一个人在世间要如何生存？必须具备条件让“人家要我”。人家要我，我要人家，关乎自己一生的前途，可不重乎？

· 佛光菜根谭 ·

少执多放心安泰，少傲多谦人缘好；
少色多德名誉佳，少私多公成就大。

仆人的定位

一个法国农场主驾驶奔驰货车去德国，半路上发动机出故障。他抱着试一试的态度，用车上的小型发报机向奔驰总部发出求救信号。几小时后，奔驰的工程师带带人乘飞机来了，见面第一句话就说：“对不起，让您久等了。”不一会儿，车就修好了。农场主问修理费多少。“我们乐意为您提供免费服务！”农场主极为诧异：“你们可是乘飞机来的呀？”工程师一脸歉意：“是我们的质检没做好，才使您遇到了麻烦，我们理应给您提供免费服务。”

摘引自《故事中的管理学》

在佛教里，所谓“欲做佛门龙象，先做众生马牛”。佛教的诸佛菩萨，大慈大悲为众生服务，其实也可以把他们当是义工、仆人。当然，做仆人也要看值不值得。过去一些英雄好汉，为了一句承诺，做小主人的仆人；为了报答一点恩惠，甘愿一生为人做仆，供其驱使。

仆人的种类有下列数种：

一、为金钱做仆人。现在的管家、护士、各种临时工，乃至各行各业的上班族，只要是为了赚取金钱，都可以说他是金钱的仆人。不过，工作是神圣的，以劳动服务，以智慧心力换取金钱，照顾一家老小的温饱，这也是应该的。做金钱的仆人还可以，做金钱的奴隶就不值得了。每个人都要用钱，当然要赚钱，从事正当的职业赚取金钱，以劳力、智慧、特长而换取金钱，这是人之常情；但有的人被金钱所用，为非作歹，卖国求荣，铤而走险，贪求非法所得，那就不值了。

二、为老板做仆人。每个人的因缘各有不同，老板有老板的能耐，仆人有仆人的命运。但从另一个角度来看，老板也是仆人的仆人。老板为了给付员工每月的薪水，也要使出浑身解数，赚取金钱。老板和员工虽是相对的立场，实际上是关系一致、利益共同。假如公司倒闭了，仆人无所归，老板也不成其为老板了。社会上多得是时而老板时而仆人，也多得是时而仆人时而老板。人生如戏，在戏台上各种角色，谁是主角，并不代表其地位高低，还要看其能力大小。《西厢记》里的红娘就是一个仆人，但她的能力超过女主人崔莺莺；历史上的光绪皇帝、宣统皇帝，其地位哪有李鸿章、左宗棠、曾国藩之重要？所以谁是老板，谁是仆人，其实就看各人自定义其角色了。

三、为身份做仆人。有的人，自己是一方的顶尖人物，并没有人要他做仆人，但他自恃自己的身份，也会做了自己身份的仆人。例如，要参加一场会议需要乘车而去，自己就辛苦兼职，为了赚钱买一部轿车以维护自己的身份，这不就是做了身份的仆人吗？今天会有一个客人来拜访，他需要摆个场面来接待，于是到处向人借家具撑排场，种种辛苦都是为了彰显自己的身份，这不就是做了身份的奴仆吗？

四、为社会做仆人。有很多义工甘愿为社会服务，也可以说是社会的仆人。当这种社会的仆人，是为了行义，不同于一般为金钱而做利益的仆人。有人赞叹警察是人民的保姆，保姆不就是仆人吗？此外，多少人在医院里服务，在养老院里供职，在育幼院里守护幼儿，他们有的不是为了金钱，只是为了做社会的义工。乃至各宗教的宗教师，名义上大家尊他们一声老师，如学校的教师一样，实际上他们都是在为社会大众服务，为信徒服务，应该也是社会的仆人、信徒的仆人。

一个伟大的人物，不仅要从高处看下面，应该由下往上看。能把自己看成是仆人，乃至人人都乐于做社会的仆人，那么这个社会的美事和义行就会更多了。

·佛光菜根谭·

以平常心面对世事，以欢喜心学习接受；
以服务心和人结缘，以感恩心回馈社会。

用人（一）

美国麻省理工学院多媒体实验室主任尼葛洛庞蒂说："在招人时，如果有人大学时考试成绩全都是A，我们对他不感兴趣。如果有人在大学时考试成绩中有很多A，但中间有两个D，我们才感兴趣。因为在大学里表现得很好的学生，与我们一起工作时表现得往往并不那么好。我们是要找由于个性与众不同、在大学学习时并不是很用功、不循规蹈矩地做事情的那些人。这些人往往很有创造性，对事物很警觉，反应非常机敏。人才更多的是指一种心态，是指与传统思维完全不一样的那种人。"

摘引自《故事中的管理学》

任何一种事业，任何一个领导人，都要用人。善于用人，则事业能成；用人不慎，事业无成倒也罢了，恐怕还会身受其害。

自古以来，成功的帝王将相都讲究用人。所谓用人，有人用其能者，有人用其智者，有人用其忠者，有人用其贤者。究竟如何用人呢？

一、不弃直言之人。一般主管总喜欢听信部下顺从逢迎的好话，讨厌和自己意见不同的人。但一个成功的领导人，一定要了解，直言也好，奉承也好，重要的是其言是否有用，其言是否合乎众意。就是交朋友，也讲究“友直、友谅、友多闻”。所以，能有一个直言的属下或朋友，这是自己的福气。

二、不亲轻诺之人。贤明的主管不能亲近随意承诺的小人，因为有的部下不讲是非，不计好坏，只要主管的意见则逢迎拍马，附和唯恐不及，完全不顾事实，为了配合主管而轻诺寡信，甚至为非作歹。如果主管亲近轻诺寡信的人，时间久了，必然受其拖累。

三、不舍长才之人。一个好的领导人要访求专才、长才，所谓用人唯才，不计出身。刘邦重用张良，则大汉开国；周文王重用姜子牙，开周朝数百年江山。美国称雄世界百余年，每任总统不但贤能，国务卿、参众议员，乃至各部会首长都是美国顶尖的杰出人才。

四、不离补短之人。主管不可妒才，要求才、用才、敬才，尤其对才华胜过自己的人更应该敬之用之，以补自己之不足。一个团体最怕的是主管妒贤，不容别人比自己更强更有智慧。齐桓公不妒管仲之才，也不计一箭之仇，而以“仲父”称之，所以能成五霸之首。吴王夫差妒恨伍子胥太过忠直，听信伯嚭的谗言离间，致使国亡；这就是妒贤不用，不能补其短所致。

五、不用卖主之人。自古的奸臣，不是贪吝，就是好名，所以很容易被人收买，中人圈套，最后卖主求荣不成，反受其辱。吴三桂为了一名侍妾，轻易就迎敌入关，留下千古骂名。世间有一些小人，今天随张，明天跟李，翻云覆雨，反复无常，想要左右逢源，最后往往身败名裂。

六、不交无理之人。人都需要朋友，但要懂得结交天下的英雄好汉，能选择才德兼备、理性明智的人共同创业，才有成功的未来。当今世上，很多人虽有才华，但不通情理。例如政治上的人物，经历多少的协调、沟通、劝说，但有的人就是一意孤行。失去理性的领导人常使能人远之、小人近之，则此人的处境之危险也就可想而知了。

用人之道应该切记以上六点，以免用人不当而招致失败的结果！

· 佛光菜根谭 ·

取人之直，疏其谄曲；取人之朴，疏其奢侈；
取人之宽，疏其狭隘；取人之敏，疏其懒惰；
取人之辨，疏其迷糊；取人之信，疏其虔偶。
此乃用人之道也！

用人（二）

管仲患了重病，齐桓公去探望他，询问谁可以接替相位："易牙怎么样？"管仲说："易牙为了满足国君的要求不惜烹了自己儿子，没有人性，不宜为相。"齐桓公又问："开方如何？"管仲答："开方舍弃了做千乘之国太子的机会，屈奉于国君十五年，父亲去世都不去奔丧，无情无义，又如何能真心忠于国君？"齐桓公又问："那么竖刁怎样？他宁愿自残身肢来侍奉寡人，这样的人难道还会对我不忠吗？"管仲摇摇头："不爱惜自己的身体是违反人情的，这样的人又怎么能真心忠于您呢？国君务必疏远这三个人，宠信他们，国家必乱。"

摘引自《春秋故事》

一个事业成功的人，左右都有许多朋友、部下、僚属等。这些所谓“左右的人”，必然有忠奸好坏，有逢迎拍马者，有屈躬谄媚者，有忠言直谏者，有规劝献计者。左右的人，最怕成事不足，败事有余。例如：

一、搬弄是非。左右的人，最常见的问题是爱说是非闲话，是非闲话多了，让负责人不明真相，不知如何抉择。所谓是非，大部分都是把好的说成坏的，把坏的说成好的，把真的说成假的，把假的说成真的。有人说：“谎言说了三十次，就变成真话。”是非说了多次，就不成为是非。是非难有真相，没有真相的言论多了，主事者怎么能作合理的裁决呢？

二、曲解事实。左右的人，应该帮忙主管探究事实，了解真相。但一些左右的人专门喜欢逢迎吹捧，曲解真相，让主管蒙在鼓里，妄自决策，如此怎么会有好的结果呢？

三、蒙蔽真相。左右的人应该善尽言责，把真相向主其事者禀告。但有一些小人欺上瞒下，蒙蔽真相，让有才能的人怀才不遇。秦桧蒙蔽前线战况，让宋高宗误用十二道金牌召回岳飞，你说南宋江山怎么会稳固呢？过去的奸臣、佞臣都是喜欢蒙蔽真相，致使国破家亡，良可浩叹。

四、挑拨离间。左右的人等，假如有几个人经常喜好搬弄是非，挑拨离间，本来一个和谐的团体，就因为他从中挑拨，撩动一池清水，自然就会混浊不堪。一个团体里，人前人后有不同的声音，很容易让人见缝插针，过去的离间计就是因此产生的。

五、谄媚逢迎。左右的人，必定有人喜欢谄媚逢迎、曲意承欢，以获主管欢喜，如和珅之于乾隆皇帝。乾隆当然不喜欢奸臣，但也不喜欢忠臣，他喜欢佞臣。所谓佞臣，就是逢迎谄媚之徒。唐玄宗不是亡国于杨贵妃，而是亡于杨国忠、高力士之手，因其谄媚逢迎，使重要政事颠倒胡来，失去人心，致使国家陷入危亡之境。

六、弄权压人。武则天得天下，用来俊臣掌握刑狱和司法大权。这位史上有名的酷吏，大行罗织罪名的手段打压忠良，狄仁杰、任令晖、袁智弘、崔神基、卢献等朝廷重臣差一点就在他的严刑逼供下死于非命。

自古以来，主贤仆忠，则家道兴旺，主虽贤而仆不忠，则家道必衰。一个伟大的人物，身边左右的人等具有的重要性，不可以等闲视之。如诸葛孔明说：“亲贤臣，远小人，此先汉所以兴隆也；亲小人，远贤臣，此后汉所以倾颓也。”所以，一个人的成败，与左右的人忠奸好坏，不能说没有很大的关系。

·佛光菜根谭·

职位愈高，愈需要直言不讳的属下；
处境愈险，愈需要肝胆相照的朋友。

鼓励与责备

佛学院规定夜晚十时“开大静”以后必须就寝。我偶尔深夜巡视院区，看到三两同学偷偷地开夜车，有的藏在楼梯角落写功课，有的躲在大殿暗处拜佛，回想过去自己也经常如此，不禁哑然失笑：“真是自古皆然，哪个学生没有开过夜车？”因深恐巡寮的老师会干扰他们，于是我就在附近绕来绕去，替他们护航。有时方便的话，还会送上一些点心，嘱咐他们安心用功，但也要注意身体健康。

“以鼓励代替责备，以赞美代替呵斥。”这不但是教育上最好的方法，这也是做人处事最妙的高招。

人与人相处，产生摩擦的原因很多。因为责备太多，给予鼓励赞美太少，所以部属求去、朋友疏离，这是做人处事最大的缺陷。

吾人有两个眼睛，都是用来看人的——看人的过失、看人的错误、看人的缺点、看人的不好——就是看不到自己。

人有一张嘴巴，也是喜欢说人的不是、人的缺失、人的短处。嘴巴的声音是讲给别人听的，自己不会听到。有些父母对子女责备过度，子女远离他去；有些夫妻相互指责过多，婚姻就亮起了红灯；有的朋友只知指责对方情义不够，不肯自我检讨，如此要想结交患难道义之友就很难了。

人与人相处，也不是不能责备。春秋时必须是贤者才能接受责备。没有力量的人更需要给他鼓励，马拉松选手需要很多的掌声帮助他发掘本能的力量。国家的奖章、奖状、奖金，各种荣誉都是要给人鼓励的。猫狗喜欢听主人的赞美，马牛也希望有主人的鼓励，树木花草也是要有和风雨露的滋润才能成长。灰心失意的人可能因一句温言慰语的鼓励，就走上光辉灿烂的前途。

现代社会，地位低的人容易受到上级的指责；在高位的人，由于不能满足大家的要求，也会遭致全民的责备。过去寺院丛林里说"当家三年狗也嫌"。责备太多可能会坏了好事，不当的鼓励有时也会招致不良的后果。不过，我们还是宁可"用鼓励代替责备，用赞美代替呵斥"。人毕竟还是希望受到鼓励、赞美，那我们又何必吝于给人一些赞美，来帮助别人、成就别人呢？

·佛光菜根谭·

用责备别人的心责备自己，能让自己越来越进步；
用宽恕自己的心宽恕别人，能让自己越来越慈悲。

最高的管理学

妙睦刚从佛学院毕业，就被常住派到洛杉矶西来寺担任知客。

有一天，我在西来寺款待客人，对过程有一些意见，问她：“你在哪里受教育的？”她说：“就读佛光山丛林学院之前，是在香港念管理学。”我听后，对她说：“你过去念的管理学，是学着去管事，去管人，这是不够的，你今后最好要学习把自己管理好，才是最高的管理学。”

如今管理学到处普及，论其种类真是不胜枚举，有企业管理、人性管理、民主管理、分层管理，乃至于饭店管理、医院管理、行政管理、仓库管理……但对于如何管理自己、管理内心，就很少了。

三十年前我访问日本时，见到当地工商企业团体一队一队、一团一团的，都到各大寺院集合受训，听说这叫“职前训练”，是公司行号为了教育员工良好的思想理念及生活习惯，送到寺院里接受佛教的管理训练。当时日本寺院负责行政的出家法师也无不以佛门做人管理方式倾囊相授。那时，我就认为今后的佛教在社会管理方面应该作出一些贡献。

最难管理的是人。因为人性是自私的，人有很多的烦恼、很多的意见，最重要的是面对不同的思想、不同的习惯、不同的看法、不同的学历、不同的资历、不同的地域、不同的籍贯、不同的年龄等，如何在这么多的差异之中将人统摄起来，是非常难的。

对自己很难管理：一对眼睛，你要管理它非礼勿视，它有时偏想要窥视；两只耳朵，你要管理它非礼勿听，它有时偏欢喜窃听他人的隐私；一张口，你要管理它不乱说，它偏偏祸从口出，惹下许多麻烦；一双手，你要管理它不是自己的东西不可予取，但贪爱小便宜的人总是不计后果……自己的眼耳鼻舌身都不能听从命令指挥，又如何能管理别人，管理其他的事情呢？其实，眼耳鼻舌身是有形有相的，还算好管理，至于管理自己的内心，这就难上加难了。心中的自私无明、烦恼邪见，如骄慢、嫉妒、愤恨、执著等，如波浪一般鼓荡不已，如果自己缺乏大愿、大力、大智、大悲，哪里能管理得了自己的内心呢？

盘踞在心中的烦恼难以管理，心中的一念情执也不易管理。有的人杀身成仁，舍生取义，可说是将自己心意情执发扬到极点；有的人爱国、爱民、爱家、爱人，即使如何执著不舍，也还能为社会所接受。但就有一些人，他们的心像顽猴烈马一样，总是犯人禾稼，最终还是自己受害至深。

一个人想将自己管理好，则需管理的事情实在太多了，例如自己的思想要管理好、自己的心念要管理好、自己的威仪要管理好、自己的语言要管理好，任何一个地方管理不好，都会带来不少无谓的灾殃。

平时承蒙有人赞美我，说我门下徒众之多、寺院之多，不知是如何管理的。其实，我觉得自己没有什么管理的法则，像我管理寺院从不上锁，像大雄宝殿、大悲殿、会议室、客堂、教室等都是全日开放，好让大众随时都可以进来瞻仰或使用。我管理物品，不喜欢建仓库；我觉得物品是做来给大家用的，最好能物尽其用，东西一旦堆在仓库，没有人看得到，往往一放多年，等到要用的时候已经发霉生锈，岂不可惜！我管理钱，也不喜欢放在秘密的地方，三十多年前在寿山寺的时候，我将钱放在固定的地方，让学生、徒众各取所需，我认为这才是公平之道；我管理人，倡导法治、人治，甚至无为而治。我觉得最好的管理其实是自己内心的管理。心治则身治，身治则一切皆治。

所谓管理，不一定要高高在上发号施令，而应当深入群众将团队的精神带领起来。三十多年前，我初创佛教学院，即使像出坡这么一件例行的事情，我都亲自说明意义，并且身先表率挑砖担水。三十年后的今天，想要为我做事情的徒众何止万千，但我不仅未曾以命令的口吻叫人做事，还经常主动地为徒众解决问题。常常听说某个徒众在北部事情忙碌，我便为他主持南部的会议；往往知道哪个徒众正在主持会报，一时无法结束，我就为他代课教书。我觉得：最好的管理，是自己先与对方建立“生死与共”的观念，才能发挥最大的整体力量。

有些人从事管理，善以谋略在人我之间制造矛盾，然而一旦被人拆穿，就不易为属下所尊重；有些人从事管理，喜用计策先试探别人的忠诚，但是一旦被人识破，就不能为对方所信服。所谓“疑人不用，用人不疑”，最好的管理方式是以己心来测度他情，以授权来代替干涉。

所以，管理的妙诀在于将自己的一颗心先管理好，让自己的心中有时间的观念，有空间的层次，有数字的统计，有做事的原则。尤其重要的是，让自己的心里有别人的存在，有大众的利益，能够将自己的心管理得慈悲柔和，将自己的心管理得人我一如，才算修满最高管理学的学分。

·佛光菜根谭·

最高明的管理原则，
是让团体能产生共识，是让上下能打成一片；
最良好的管理方式，
是以授权来代替干涉，是以己心来体恤他情。

预 算

楚王将要攻打宋国。墨子去见楚王：“假定现在有一个人，舍弃自己华丽的彩车，却想去偷邻舍家的破车，舍弃自己锦绣的衣服，却想去偷邻居家的粗布短袄，舍弃自己的膏粱肉食，却想去偷邻居家的糟糠之食，您认为这是个什么样的人呢？”楚王说：“这必定是个有偷窃癖的人。”墨子于是说：“楚国的国土方圆五千里，宋国的国土不过方圆五百里；楚国富甲天下，犀牛麋鹿遍野都是，宋国贫瘠，连野鸡、野兔和小鱼都没有……大王攻打宋国，就与那个有偷窃癖的人并无不同。我看大王攻宋不能有所得，反而还要损伤大王的义！”

摘引自《战国故事》

一个国家有多大的力量，先了解他的预算数量有多少。预算充足，可以增加国防，可以加强教育，可以多兴社会福利，可以多建交通、海港，可以多投资公益，为民服务……因为有预算，就会把国家社会建设得更加美好。

一个事业，能否维持，也要看他的预算多少。每年的预算收支都有盈余，这个事业必定大有可为；如果每年都是透支出现赤字，这个事业已经亮起了红灯，前途必定艰难。

预算的多少，可以决定国家事业的成败，那我们个人也应该要来筹划自己的预算。

个人所拥有的财富预算，也不光只是金钱方面。你的聪明智慧拥有多少，你的人格道德拥有多少，你的朋友人缘拥有多少，你的名誉信用拥有多少，这些都和你的人生预算有关。

金钱上的财物不足，其他方面都可以为你补充。就算你财物充足，假如你没有人缘，没有道德，没有信誉，没有智能，在预算里收支必定还是不能平衡。

一般公司行号里负责筹划预算的人，都必须注意收支相抵。如果你只是计划收入，这里几千，那里几万，你没有本金，可能会有收入吗？假如你一味地支出，这里要花费，那里要支出，你入不敷出，怎能合乎收支平衡的预算呢？

在预算里面，开源节流是一个增加经济效益的最好办法。在我们的人生里，奉献、服务、从公益中能收入多少，才能平衡自己的支出？有的人先讲究收入而酌量支出；有的人先尽量播种，希望他日收成会好。先收还是先支，后支还是后收，这就要看你的策划、预算本领的高低了。

语云“人算不如天算”。憨山大师也说：“人从巧计夸伶俐，天自从容定主张；谄曲贪嗔堕地狱，公平正直即天堂。”个人的预算不要先从自己的利益着想，应该要从整个社会大众，以各种利益关系为前提，以此来订下自己人生的预算。所谓“厚道必不吃亏”，这是必然的因果道理。

·佛光菜根谭·

有计划，则不乱；有分工，则不忙；
有预算，则不穷；有欢喜，则不苦。

效率优先

有一个地方正在召开昆虫大会。会议进行到一半，汽水没有了，蜈蚣自告奋勇，领命前往。蜈蚣去了许久，迟迟不见回来，大家心急，着人前去察看。哪知大门一开，却见蜈蚣还蹲在门口穿鞋子，因为它有一百只脚。

现在社会会议很多，却往往会而不议、议而不决、决而不行，就如蜈蚣穿鞋子。乃至有的人学而不说，说而不做，做而不管结果，也如蜈蚣穿鞋子。

几十年前，有人谈到国家的行政效率时，称德国人做了不说、日本人边说边做、中国人说而不做，这都是由于民族性使然。就如小学课本里的“龟兔赛跑”，由于兔子傲慢懈怠，中途不跑了，当然就被乌龟超前了。又如甲乙两人朝山，富人甲说，反正坐车子很快，明年再去，结果明年又明年，过了许多年以后依然未成行。贫人乙却不到一年就徒步朝山而归了。

世间事，说道一丈不如行道一尺。蜗牛效率早就被淘汰了。现在这个时代，讲究的是速度，飞机讲快，火车讲快，汽车也讲快。快，表示性能好；快，表示有价值。凡事不快而缓慢，不管人也好物也好，总会被淘汰的。

有一个艺术家雕塑一件艺术品一月而成，另有一人三年未成。老板质问：“怎么一件东西需要雕那么久？”他反而责问老板：“艺术品有时间吗？”艺术品也要有时间，没有时间，今生看不到，有什么用？

现在的社会讲人生：他有经济的人生，每天用多少钱、每月用多少钱、每年用多少钱，都要按收入来计算。讲工作也都要有计划，一小时做多少事、一天做多少事、一月能做多少事；工作不讲效率，一再拖延，等于飞机炮弹都已经打到头顶了，我们还在研究作战计划呢！

同样开工厂，这个工厂不要嫉妒那个工厂赚钱，你要看人家的时间效率。修行人也有所谓的“克期取证”，不容许你慢慢因循。面对有限的人生岁月，我们要凡事快速办成，不能像蜈蚣穿鞋子，浪费了太多宝贵的时间啊！

· 佛光菜根谭 ·

伟大是由血汗堆积，牺牲越多，越是伟大；
成功多因勤劳而获，用力越多，越会成功。

要走更远的路

八角磨盘空里走，金毛狮子变作狗。
拟欲将身北斗藏，须应合掌南辰后。
——宋·杨大年

表 现

一九四八年牛津大学举办“成功秘诀”讲座，邀请到了当时声誉已登峰造极的丘吉尔来演讲。这一天，会场上人山人海，水泄不通，人们准备洗耳恭听这位大政治家、外交家、文学家的成功秘诀。丘吉尔用手势止住大家雷动的掌声，说：“我的成功秘诀有三个：第一是决不放弃；第二是决不、决不放弃；第三是决不、决不、决不能放弃！我的讲演结束了。”

摘引自《哲理故事三百篇》

平常我们都会注意看别人的表现。例如出外旅行时，看服务生的表现如何，可以决定给他多少小费；在家庭里，看儿女的表现如何，可以决定给他多少零用钱。官场中，升官易位，也要先看他的表现如何。世间没有白吃的午餐，没有白得的功名富贵，一切都要靠自己的表现。人要如何表现呢？

一、用工作表现活力。每个人都有生命，有生命就有活力！你的活力展现在哪里呢？活力不能用于酒家舞厅，不能用于吃喝玩乐，活力要表现在工作上。一般的员工表现良好，月薪待遇会提升，年终奖金会增加。工作的表现，是每一个人服务的基本态度，尤其现在是工业的时代，一切都讲究表现。你在工作上表现勤劳，工作就有卓越的成果。你的工作表现出色，对人对社会都有益，则其他一切就都好说了。

二、用内涵表现阅读。我们和一个初识的人交谈，感觉这个人内涵深厚，就知道他必定饱读诗书，否则不会有那么大的修养内涵。有句谚语说"只要你一开口，就知道你有没有"。所以一个人的态度言辞都是内涵的表现。你可以用内涵表现你是一个饱学之士，用内涵表现你丰富的知识，表现你是学者专家，表现你和普通人不一样。

三、用公益表现爱心。每个人都希望别人看自己是个慈悲人，是个有爱心的人，但是慈悲爱心怎么让人知道呢？只有在公益上面表现了。地方上的修桥铺路，我有力量参加一份；社会上的鳏寡孤独亟待救济，我有结余就捐助一些。每遇风灾、水灾、震灾，都有许多慈善人士做各种捐献。乃至于国际上的一些苦难，许多爱心人士也都伸出援手，参与公益。

四、用行动表现诚意。我们经常听到有人说："我是诚心诚意的，请你相信我！"其实下面更重要的是，你有没有诚心诚意应该用行动来表现。一个人必定有许多孝行表现，才能让人称他为孝子；一个干员，必定有许多建树、许多表现，才能赢得一句"他很能干"。空话人人会说，实际的行动成果，才是重要的事实。

五、用配合表现合作。现在的工作大部分都讲究团队精神。一些企业家赚取名利，必定是有许多人相互配合。用配合才能表现合作的诚意。你要与人合作，先要养成配合的观念和态度。

·佛光菜根谭·

懂得付出，不计较吃亏，才是富有的人生；

锱铢必较，只知道接受，必是贫穷的人生。

小，不能忽视

一次，中山国君大摆筵宴，来了很多人。司马子期闻讯赶来，晚了一步，没能吃上羊羹，心怀不满，一怒之下跑到楚国，怂恿楚国出兵攻伐中山。结果，中山国灭亡，中山国君做了俘虏，被流放。这时他身边只有两个人跟随。面对国破家亡的境地，他仰天长叹："吾以一杯羊羹亡国，以一壶酒得士二人。"

摘引自《春秋故事》

一般人皆贪多求大，即使在日新月异的时代里，世人以短小精薄为美，也多从其眼前的实用利益着眼，例如小书易于携带、小车便宜省油。

其实，就在我们的身边，有许多小而不起眼的人、事、物，其未来性不可限量。例如，小沙石混在水泥中，可以建高楼大厦；小螺丝钉锁在大机器中，可以运转生产；小水滴不断，力可透石；小火星足以燎原；河床中小土块的沉积，可以让流水淤塞；小小的一句话，足以影响一国之兴衰；小小一文钱的布施，或能济人燃眉之急；一丝小小的微笑，给人信心无限；一声小小的爱语，散播了欢喜与鼓励；每日一件小小的善行，足以广结善缘；听了一则小小的故事，可以发人深省；小孩子是国家未来的栋梁；小不忍，即足以乱大谋……凡此皆说明小之不可忽视。

记得幼时，母亲多恙，我常在病榻前为她读诵故乡扬州七字段儿的故事，母亲则纠正我所念错的字。日积月累下来，我不但从不识字的母亲那儿认识了许多字，培养了阅读兴趣，更增长了我忠孝节义的观念。现在想想，童年时小小的孝心，竟成为我希圣希贤的启蒙因缘，真是不可思议！及至稍长，家人送我到私塾读书，一天，无意中看到附近读洋学校的小朋友的课本上有这么一段话："短衣短裤上学校，从不迟到一分钟。"我将这句话谨记在心，并且朗朗上口，奉为圭臬。直到现在，我向来为人所称道的守时守信习惯，实则源于这小小的一句话。

回想近半个多世纪以来的出家生涯，我在佛法大海里，也经常自小小的一瓢饮中尽尝无边的法味。

青少年时于各处参学，无论是一合掌或一顶礼，虽是小小的动作，我都尽量表达内心的诚敬；向师长的一请示一报告，即使是小事一桩，我也尽己所能，述说得适当合宜。犹记得至金山寺挂单苦候五小时没有人理我，到毗卢寺参访首座等了三天不蒙接见，在这些小小的等候里，我学到了逆来顺受、虚心耐烦，从中获益甚大。

我也曾在多位老和尚座下忝任侍者，每天供应三餐，伫立侍候，添饭加菜；有时参加焰口法会，我侧立在七大师身旁，寸步不动达八小时之久。这样的兼职侍者，一做数年，虽然异常辛苦，精神上却备感充实，因为我从那些长老大德的行仪中，学习到做人处事的礼貌与进退时空的分寸。由于从事这些小小的工作，我深深地体会到佛法的大用，使我于忙中不觉忙，苦中不感苦。

出家剃度时，我最尊敬的容斋法师为我取法名“今觉”，并且告诉我：“不可以小看这两个字！能够当下做到，就不愧出家学道。”我从此将这小小的一段话印烙心田，并且时有所感。后来我一直鼓励学生或信徒，学佛修行，贵在每日反观自照，小觉小悟，久而久之，自能大彻大悟。

谁说小是微不足道的呢？小，正代表着无穷的希望——只要我们耐烦有恒，时间的浪潮会将小小的人物推向时代的前端；只要我们脚踏实地，历史的巨手会将小因小缘聚合成丰功伟业；只要我们心存笃敬，即使是一念小小的诚意，慈悲的诸佛菩萨也会予以庇佑。眼睛很小，可以看遍世界；鼻孔很小，却嗅着虚空的气息；每一个小小细胞，都助长了人生的生存。莫以小善不为，莫以小恶可为，任何一小步，都是人间前途的一大步。小，蕴藏着不可忽视的力量！

·佛光菜根谭·

日常小事能尽责，当能成就大事；
重要大事能尽力，自能顾全小事。

积坏之患

有个士兵在战争期间每天都给自己的马喂大麦，好让它有体力载着他作战。战后，士兵给马改喂草，并用来从事劳役。之后战争又起，士兵再骑到马上，马却伏地。马对主人说："你使我从马变成了驴，又怎能再把我当马骑呢？事到如今，你只有去加入步兵队了。"

摘引自《哲理故事》

人多欢喜积聚，积聚有好有坏，有的人积德积恩积善，因为积种种的好事，因此流芳万世；也有的人积种种坏事于一身，因此招致种种祸患，甚而遗臭万年。

兹将积坏之患，列举如下：

一、积财招嫉。积聚钱财本乃人之常情，但有的人过分贪财好利，甚至挡人财路，积不该积之财，例如揩油、贪小便宜、放高利贷等。钱财积聚不当，人生的形象破坏了，即使有财，也不能获得别人的尊敬，反而遭人嫉妒而惹来祸患，因此不可不慎。

二、积恶灭身。有的人恶名昭彰，别人一听其名，就联想到他有数不尽的恶事，例如性格悭吝、脾气暴躁、语言刻薄、行为粗暴，或者横行乡里、仗势欺人等。日积月累，一旦大祸临头，连个愿意伸手救助的人都没有，岂不悲惨！

三、积势成怨。有的人好表示自己的势力，有一点钱财就仗着财势欺人，有一点名位就自以为高人一等，到处借势压人。甚至有的人专门趋炎附势，仗着高官的亲戚作势，或是借着女儿嫁入豪门，以此抬高自己的架势。自以为声势很大，气势很盛，因此盛气凌人；自觉扬扬得意，殊不知已埋下祸患之根。借人之势，哪一天树倒猢狲散，积借之势没有了，则墙倒众人推，届时接二连三地祸事临身，因为平时没有结缘而积怨，别人必然幸灾乐祸，不肯伸出援手。所以势力不可靠。

四、积怨成仇。做官的人，官做不下去了，因为民怨愈来愈高；交友，朋友愈来愈少，因为朋友的怨气日益增加。人与人相处，先是语言上的结怨，慢慢因为名位相嫉而结怨，或是分财不公，或是所得不平，到了怨恨成为仇恨的时候，别人必然会加以报复。所以，平时不要与人结怨，要能经常施恩于人，自能免于积怨成仇而树敌，如此前途自然安全无虞。

五、积垢成病。现在的社会，一般人都很讲究卫生，因为卫生有益身体健康。但是有的人不善整理家务，到处藏污纳垢，蚊蚁滋生，生活其中，身体怎么会健康呢？所以不管个人或是居家环境都要时时保持清洁。

六、积贪成患。贪是人性，人性在贪，例如贪财好利、贪名好欲、贪色好赌等。人往往由贪小而成为习惯，于是贪心就会越来越大；贪心大了，所谓贪欲横流，必会淹没自己。尤其有的人贪图安逸，希望不劳而获，本来可以做一个清官，因为禁不起外境的诱惑，最后贪赃枉法，众罪加身，走上不归路。贪心之患，不可谓不大。

由上可知，一个人坏事累积多了，所谓“虱多不痒，债多不愁”，坏事做多了反而不自觉，结果让自己身陷险境。积习难改而致患，可不慎乎！

·佛光菜根谭·

小罅可以溃堤，微隙可以伤谊，
防微能够杜渐，知错能够弭患。

应 酬

剧作家皮特交给影星海伦一个剧本，海伦看后，给他回复：

“亲爱的皮特，感谢你送给我这样一部动人的剧本，剧本很幽默，不过……”她停了下来，因为她不喜欢信里的虚伪口吻。于是她在另外一张纸上写道：“亲爱的皮特，剧本我用心看了，乱糟糟的，我实在弄不懂……”她再次停笔，从头再写：“皮特先生，你这剧本很令人丧气，多年来我还是第一次……”海伦想了想，又改写为：“亲爱的皮特，承蒙看待，不胜感谢，无奈近日琐事颇多……”几天后，朋友问她最后怎样处理了，她说：“我把四封信装进一个信封，全都寄给了他。”

摘引自《处世智典》

当今社会，应酬的风气很盛，不论是政治人物、企业家、演艺人员、公教人员，乃至青年学子、家庭主妇，都到处应酬。

所谓应酬，就是上餐馆吃饭、上酒家喝酒、喝咖啡、喝茶、上舞厅跳舞，或是打麻将、打高尔夫球、婚丧喜庆往来，以及金钱交易、送名人字画、送珍品古董等往来，以达到自己的目的。

此外，讲话也要应酬。例如平常见面，问：“你好吗？”答：“托您的福！”到朋友家拜访，也会说：“对不起！打扰了！”这些也都是应酬。

每个人都忙于应酬，但所需各有不同。有的人以应酬来联络感情，有的人以应酬来拉拢关系，有的人以应酬来增加名气，有的人以应酬来扩大交际圈，有的人以应酬来谈生意，有的人以应酬来说请托，有的人以应酬来升官晋级，有的人以应酬来打通前途，有的人以应酬来拉选票，有的人以应酬输送利益。

除了个人的应酬，还有公事上的应酬。如做公关，这算是合法的公然应酬，公司行号、政府机关也都会编列应酬的公关预算。还有学生家长，为了让孩子读明星学校或进入优良的班级，也要与校长、老师应酬。

不当的应酬，带来了社会浮华、敷衍、虚假、不务正业、浪费时间以及生活腐化之弊。宋代陆游的《晚秋农家》中云：“老来万事懒，不独费应酬。”可见，应酬是件让人费力劳心的事。老子说：品德高尚的人以言辞送人。这说明，古德因不重名利地位，而以学识修养、道德操守与人往来，所以行事能超尘出俗、言行能不倨不谄，更不会汲汲于交际应酬。

最佳的应酬应该是：从政者，以政绩来取得民心；民意代表，以勤于服务获得选票；士农工商，以质量保证、童叟无欺赢得顾客的肯定；朋友之间，以诚信、道义博得友谊；主管以专业知识、领导能力、识才尊贤得到属下的支持；属下以忠诚护持、努力负责来获得主管的青睐。

所以，不论什么职业、什么身份，只要自己能克尽厥职、品行端醇，也能获得好口碑，而这不就是最好的应酬吗？

·佛光菜根谭·

做人，不以聪明为先，而以尽心为要；
处世，不以成功为急，而以结缘为尊。

做一个好公务员

某出任湖北巡抚，其父特派仆人馈送好友刘统勋黄金千两，以求关照。刘统勋为给老朋友留面子，不好一口回绝，就对其仆人说："汝主以世谊通问候，其名甚正。然余承乏政府，尚不需此，汝可归告汝主，赠诸故旧之贫窭者也。"又一次，一个带有厚礼者深夜来访，刘统勋拒不会客。第二天一早，刘统勋来到政事堂，传唤昨夜来访者入见，责怪道："昏夜叩门，贤者不为。汝有何禀告，可众前言之，虽老夫过失，亦可箴规也。"

摘引自《清代名人轶事》

做个好公务员，要做到以下几点：

一、不贪污，金钱清楚。金钱容易使人性腐朽堕落，公务员最忌讳贪污受贿。为公家服务，要紧的是清廉、不贪污，贪污是污染自己的名誉、人格。金钱上与人往来要清楚，丝毫不苟，公私分明，不可贪图不当的金钱往来。

二、不暴怒，性情平和。在公家服务，有时候因工作忙压力大，长官部属要求又多，难免心浮气躁。要学习调和情绪，不随便乱发脾气。佛门常讲："一念嗔心起，百万障门开。"嗔恨之火能烧毁功德之林，所以不暴怒、亲切平和是服务的根本。

三、不诿过，尽心负责。当老百姓来请托事情时，有些公务员不但不尽心去承办，反而推诿责任，踢皮球，打太极拳，打官腔。一个好的公务员要担当责任，应该是苦的酸的我吃，甜的甘的别人尝。

四、不怪僻，群处和睦。做人不可怪僻，要合群、随缘、随喜、随众，要和睦第一。有些人特立独行，大众已决定的事情偏偏不合作，故意唱反调破坏整体；应该捐弃个人偏见，敬业乐群，以群众为家，不要成为人人讨厌的乌鸦。

五、不悭吝，慈悲喜舍。公务员不要吝啬给人欢喜、给人帮忙、给人方便。所谓慈悲喜舍，就是给人多一点慈悲、多一点关心、多一点友爱，随时随地给人最周到的服务、最亲切的笑容，即使是简短的招呼问好都能带给对方无比的振奋与欢喜。微笑永远是世间最美丽的装饰。

六、不犯法，守法重纪。公务员是实际执行国家政令的人，应该以身作则，知法重法，守法行法，不可违犯，维护公权力于不堕，为国家社会树立良好的形象；不可知法犯法，执法玩法，误己误国，危害社会。

七、不磨人，认真服务。人生本来应以服务为目的，助人为快乐之本，但有些公务员却以刁难为能事，以磨人为快乐之本。我们应给人方便，因为给人方便就是给自己方便，所谓"公事门中好修行"，希望这是个便民利民的社会，而不是扰民劳民的社会。

八、不重税，持法公正。古人说"苛政猛于虎"，不可以苛加重税剥削民脂民膏，搞得民不聊生。老百姓富有是国家社会的幸福，唯有人民愈有钱，国家才会愈富有。

九、不嗜酒，端正身心。酒能迷乱我们的智慧，失去理性而侵犯别人。社会有一种风气，男人如果不会喝酒就不是英雄好汉，女孩子也不甘示弱学起喝酒，认为不喝酒就不够时髦。许多坏事就在烂醉如泥下发生，许多悲剧也在酩酊醉意时铸成。佛教在根本五戒中揭示了不饮酒戒，因为饮了酒，一切的杀盗淫妄都可能会触犯。喝酒之人语无伦次，丑态百出，而劝酒的人强迫别人干完一杯再干一杯，好像非得不醉不归，看似豪情万丈，其实是害人害己。

十、不好色，净洁家门。吴三桂为了李闯王抢走了宠妾陈圆圆，“冲冠一怒为红颜”，引清兵入关，虽然美人得以重投怀抱，但他也因此变成民族的罪人，留下千秋万世的骂名。

十一、不自私，去私从公。公务人员不可以结党营私，自私自利，凡事要本着合法、合情、合理的原则，秉公处理，但求心安理得，无愧于心。成功不必在我，一切利益荣耀归于大众。

十二、不过劳，保其健康。公务人员应该保持适当的休闲，不可过分操劳，工作一段时间应该安排休假，调整自己的身心情绪。有些国家已厘定完善的休假制度，强制公务员休息，以保持充沛的体力精神，拥有强壮的身体，为国家、社会、大众做更多的事，走更远的路。

·佛光菜根谭·

一等官员，勤政爱民，理性沟通；
二等官员，操守清廉，洁身自爱；
三等官员，吹牛拍马，党派营私；
劣等官员，公器私用，仗势欺人。

上台与下台

多年前，有位官员邀请我环岛讲经说法。我从台北出发，再到宜兰、花莲、台东、屏东、高雄、台中……当车子开到苗栗时，严重堵车，原本两线道的高速公路变成四路停车，所有车辆动弹不得。眼看接近六点钟举行餐会的时间，想到要信徒与地方长官等候，心里万分着急。那位长官打了一通电话，随即三部警车出现，两部警车在路肩为我们开道，一部警车随后。当时，高速公路上其他车子堵在原地，而我们的车子却能超速前行。随行的年轻徒众好生得意，我说："假如警车不是载我们去赶赴会场，不是去讲经弘法，而是押着我们准备送到监狱囚牢，你们心中有什么想法？"大家一听，异口同声："哦，那心情就不同了。"警车开道，警车是一般，向前行是一样，但目标不同，一时的得意扬扬也成了伤感。

有人说人生如舞台，既有上台的时候，必然也会有下台的一刻。一般人上了台就好欢喜，大肆庆祝；一旦下台了，就失意落寞，好像人生死了一半。

上台的时候确实值得欢喜，因为上台后，一是比较有机会表现，二是比较有空间发挥，三是比较有权力运用，四是比较容易实现理想，五是比较能够成功立业。而如果下了台，也不必沮丧，因为下台后，一是无官一身轻，二是可以给别人多一些机会，三是人生不一定占有，享有也是一种乐趣，四是不演戏，看戏更好。

因此，不管上台、下台，应该以平常心看待。所谓上台，社会上的人当选董事长、总经理，佛教人士担任会长、住持等，都是上台。其实，人一出生就已站上了人生的舞台，就要做好演出的万全准备。在人生的舞台上，每个人都要各依自己的专长演出：有的人在讲台上展现魅力，有的人在戏台上带给别人欢乐，有的人在将台上接受职位。上了台就是一份荣耀，就有地位，就是高人一等。所以，人总是希望有上台的机会。

上台时很得意、很风光，然而上台就是一份责任，就有一份使命，上台后要能看得远，要能演得出色、精彩，尤其要能演得称职、得体——众目睽睽、十目所视、十手所指，实在容不得有所差错。

上台、下台都各有因缘。因此上台后，要感谢各种因缘的成就，要努力胜任愉快，要做好随时下台的准备，要留下成就给后人。一旦功成身退下台后，则应为团体有接棒人而欢喜，为自己过去所作的贡献而欢喜，为自己有机会转换岗位再学习而感谢，未来有缘分还要再回来帮忙。

总之，人生有上台、下台的时候，上台也好，下台也罢，都要欢喜。最重要的是，在人生的舞台上，无论扮演什么角色都应该以主角的心情尽力演出。能如实扮演好自己的角色，这就是成功。

·佛光菜根谭·

以配角的身份，主角的心情入戏，必能全力以赴；
以主角的身份，配角的心情上台，将会敷衍了事。

妇女该从事什么职业

狱吏王藻每天带银钱回家，妻子怀疑他在办案时受贿枉法。一天，妻子叫婢女梅香给丈夫送去十只猪蹄。王藻回家，妻子故意说：“今天我叫梅香送去十三只猪蹄，味道怎样？”“明明只送来十只啊！”王藻以为梅香偷吃，就毒打逼问。梅香受不住，含冤招认。王藻对妻子说已经破案了，妻子这时含泪道：“你用酷刑逼供，人家只得花钱来买通你。我用婢女送猪蹄来试你，果然如此。由此看来，在那残酷的刑罚折磨下，有哪一项罪名敢不被招认承当呢？”

摘引自《公门果报录》

女人能做的事很多，不一定以做人家的老婆为唯一的出路。现在有许多单身贵族，终身不嫁，抱定独身主义。过去的女人，好像一生下来就是要嫁人，嫁人就是她的工作，所以很多女人终其一生都是生活在厨房里，每天忙于煮饭、洗衣服、带孩子，好像这些就是女人的天职。对于这样的论调，我觉得并不尽然。女人不一定要以做人家的老婆，终其一生以煮饭、洗衣为唯一的出路。女人的智慧不亚于男性，女人的周全、细腻、柔和、慈悲等特性，也可以从事文化、教育、医护、媒体、服务等多方面的工作。现在的女主管、女强人、女老板，社会上所在皆是。

基本上，男性能做的，女性都能做。例如过去当兵、驾驶飞机都是男人的专利，现在不但有女兵、女飞行员，还有女军官、女警察、女检察官，乃至女总统等。士农工商，过去都是男性在做，其实女人也能胜任。

女性的灵巧慧性、蕙质兰心，为人间增添了多少美丽的色彩；女人的忍耐美德，就是天下最大的力量。这个世间缺少不了妇女，没有了妇女，人间是有一半缺陷的。

妇女要发挥和平柔顺的性情，柔性的慈悲没有敌人，所谓“举手不打笑脸人”。女人的美丽、善良，都远胜于男人。男人比较粗犷、豪放，女人细腻、周全，是男人成功立业的助缘。男人长于理智，女人重于感情；男人偏向刚强，女人普遍温柔。男人遇到困难的事情，能够力排艰巨，勇往直前，表现勇者的气魄；女人的忍耐谦逊，化干戈于祥和，则往往是男人所不及的。男人富有创造性、冒险性，女人的随顺、圆融有时可弥补男人的鲁莽造次，彼此相辅相成。

在一般人的观念里，男人所表现的是阳刚力劲的美，虽然不乏风流倜傥、英姿翩翩的俊男，但女人的美貌绝色、天生丽质是男人所望尘莫及的。古来多少文人墨客以生花妙笔来描绘女人的绰约风姿而留下千古名著。就以戏剧来说，古装戏里的小生角色，本应非男人莫属，但由女人来反串，扮相更俊俏，举手投足更潇洒，更能获得观众的喜爱。民间戏剧里的歌仔戏、黄梅调、评剧，小生一角往往由女性来扮演，主要是女人比男人更美貌。

女性让人喜欢亲近，不只是因为容貌美丽，更重要的是有一颗慈悲的心。天主教的特里萨修女将一生奉献给苦难贫困的人民，荣获诺贝尔和平奖；佛教的慈济功德会证严法师与佛光山的永胜法师也都得过慈善奖状。

在过去，有很多走江湖的女侠，她们就像观世音菩萨一样，云游世界，救苦救难。现代妇女尤其应该开放眼光，有包容世界的心胸，将女性嫉妒、小心眼的缺点去除，在家中和善亲人，在族里敦亲睦邻，在社会谦恭随缘，发挥慈悲与智慧，从事施诊、育幼、养老的慈善工作，或者执教杏坛，作育英才，或者著书立说，从事文化扎根事业，以丰富社会，照耀人间！

总之，女性要有远见。有远见，则能担当重责大任；有远见，才能散发生命的光辉。

·佛光菜根谭·

能勤，时间自然比他人多；
肯动，空间自然比他人广；
耐苦，成功自然比他人大。

人生十胜

一位老妇人走进费城百货公司，大多数的柜台人员都没理她，只有一个年轻人问是否能为她做些什么。当她说只是在等雨停，年轻人并没有推销给她不需要的东西，而是拿给她一把椅子。雨停了，老妇人向年轻人说了声谢谢，并向他要了张名片。几个月后这家店主收到一封信，要求派这个年轻人去苏格兰收取装潢一整座城堡的订单！这封信就是那位老妇人写的，她是美国钢铁大王卡内基的母亲。

摘引自《故事中的管理学》

疆场上两军对阵，为的就是胜利；运动场上选手们流汗竞技，也是为了胜利。人生都想获得胜利，没有人希望失败，但是胜利有获取之道。兹以“人生十胜”略述如下：

一、诚信笃实者胜。商场上的推销员讲究诚信笃实的服务，才能取得消费者的信任。做人处事尤其要能以诚待人，要讲究信用、平实，自能提高自己的人格，受人尊重。

二、勤劳服务者胜。现在的商场不仅讲究诚信，更讲究服务，尤其售后的维修服务好，最能获得顾客的信赖和好感。不管汽车、电视、冷气、家具，谁家的售后服务好，谁能让顾客满意，谁家的生意必能兴隆。

三、谦虚有礼者胜。一个人不管求职或交友，乃至推销物品，凡是谦虚有礼者，必能获得对方的欣赏，而在商场或做人方面取得胜利。

四、仁慈友爱者胜。性情怪僻，态度嚣张，气势凌人，不会有人喜欢；反之，性格仁慈，待人友爱，让人一接触到他，就如和煦的阳光、拂面的春风。以仁慈友爱的风度做人，无论走到那里，都能获得尊重。

五、喜舍待人者胜。世间没有人希望看到别人板着一张冷冰冰、毫无表情的扑克脸，所以一个人无论何时见到人都是满面笑容，必能受人欢迎。所谓喜舍，就是布施给人欢喜，如果能够面带笑容，再施与语言的赞美，怎么能不赢得别人的好感呢？

六、大公无私者胜。一个领导者在处理公众事务时，如果存有私心，即有党派之私、同乡之私、亲情之私等，必然引起别人的不平与不服，如此如何领众呢？假如能公正无私，因公忘私，必能树立威望，博得人敬。

七、恒心坚忍者胜。做事有恒心，遇到困难时能坚忍不移，则事情纵有难易，获取胜利无疑义。

八、圆融宽厚者胜。做人处事，讲话说理，重要的就是要有一种圆融的性格，以及宽厚的器量，如此必能得到别人的好感。无论在什么场所，无论从事什么工作，你有圆融宽厚的性格，要想取胜于同侪，不为难也。

九、勇于负责者胜。做人应该要有责任感，要有承担力，一个负责任的人，到处受人喜爱、推崇；一个没有责任感的人，人多不愿与之共事。讲话要负责，工作要负责，别人交办的事情要负责。尤其受薪阶级的人，自己分内的工作更要负起责任，那么无论你是主管或部属，必能到处受人重用。

十、信仰有道者胜。有信仰的人，一般正派人士都会给予尊敬。尤其当你在宗教信仰里表现出崇高的道德人格，在人群里更是受人尊敬。如此对立身处世、创业做人都有加分。

上述“人生十胜”，就如做人的秘密武器，是人生另类的取胜之道。

·佛光菜根谭·

不做固执己见的人，要做通情达理的人；
不做尖酸刻薄的人，要做与人为善的人；
不做骄傲自恃的人，要做谦和敦厚的人；
不做忘恩负义的人，要做感恩图报的人。

贰 行止篇

随缘不随便

似水如云一梦身，不知此外更何亲。
个中不许容他物，分付黄梅路上人。
——唐·大川

做什么要像什么

有个小和尚担任撞钟一职，半年下来，觉得无聊。一天，老住持宣布调他到后院劈柴挑水，原因是他不能胜任前职。小和尚很不服气："我撞钟难道不准时不响亮吗？"老住持告诉他："你撞的钟虽然很准时，也很响亮，但钟声空泛疲软，没有感召力。钟声是要唤醒沉迷的众生，因此不仅要洪亮，而且要圆润浑厚、深沉悠远。"

人生如戏，随着时空舞台的变换，随缘任运，自能肩挑一切重任。

童年出家后，常听师长们训诫："做和尚就要像个和尚，你们不要画地自限，要做什么像什么才好啊！"我听了以后，谨记在心。后来这句"做和尚就要像个和尚"、"做什么要像什么"在我一生当中发挥了很大的功用。

青少年时我在丛林十载生活，其中做了六年行堂、两年司水、一年半的香灯，还兼任图书馆管理员。每至冬天，行堂最是辛苦，双手浸泡在冰冻的水里洗几百双碗筷，手掌、手背的皮肤一处处都皲裂了，连里面红色的肉都看得一清二楚。那时不懂得包扎涂油，第二天还是照常工作，好像从来不觉得伤口的痛楚，只知道“做一个苦行僧，就应该要像一个苦行僧的样子”，任劳任怨，谦虚学习。

童年时因家境贫寒没有受过良好的教育，所以很珍惜有书可读的机会，为了“做好一个学生的样子”，我自动自发，自我学习。白天忙于出坡，读书的时间很少，我利用在图书馆整理书籍的零碎时间温习功课，并且翻阅一些课外读物。此外，我还每月督促自己编一本《我的园地》，里面有论文、讲座、新诗、散文、心得报告、生活感想等等，虽然只有自己一个人看，但从那时一点一滴地打下基础，让我日后在编辑杂志、写作撰文，乃至弘法布教、接引众生时，都能得心应手，实在是始料未及之事。经云：“一一尘出一切法，旋转无碍遍庄严。”又说：“释迦牟尼佛名毗卢遮那，遍一切处。”我由躬身实践中更加相信：一切诸法都是佛法，只要肯发最上心，时时想到自己“做什么要像什么”，其所带来的利益实在是无量无边。

佛教僧侣必备的三刀六槌，四十八单中的苦修，我都是在早晚课诵、劳动作务中揣摩熏习；佛法妙谛则是在平日行住坐卧一点一滴的实践当中有所体悟。在忙碌的参学生活中，我一心一意要求自己“做得像一个出家人”，所以平常对于常住的一切安排，我都欢喜随众，余暇则兼行密行。就这样，我的思想慢慢净化，出家人的样子自然而然地就显现出来了。直至今日，我常教诫徒众“不私收徒众，不私蓄金钱，不私建道场，不私交信者，不私自募缘，不私自请托，不私置产业，不私造饮食”的理念，其实都是源自于早年我在佛门里学习“做得像一个出家人”所体验到的法则。

过去丛林的教育十分严厉，行进时眼睛要看前方七尺处，不可左顾右盼，不可仰视、低头、跑步、急行；站要有站相，两手下垂，操手当胸，要知道自己站的位置。坐下时，椅子只能坐半座，背脊自然挺直，肩膀要平，下巴要收缩。安眠时，要右胁吉祥卧。外出时，衣着要整齐，出房门一定要着长衫，出山门要穿海青，不可戴围巾、帽子。如果威仪稍有差错，言行些微不如法，就会遭到师长的棒打怒喝，而冤枉委屈更是常有的事。但我从来不曾挫折灰心，也未尝顶撞怀恨，因为我始终觉得这是老师的慈悲教导，做一个晚辈后学，就应当“像一个晚辈后学的样子”，以恭敬的身形，以感恩的心意，来接受一切教导训诲。正因为如此，老师们很乐意教我，原本不聪明的我在千锤百炼之下居然进步迅速。

回想当初之所以在童稚之龄祝发出家，是因为从小在家乡看到大和尚威仪庠序的法相，所以暗自发愿有一天也要穿上僧袍，让别人说我像一个庄严的大和尚，后来果真愿不虚发。我剃度之后一直牢记这个誓言，并且常以玄奘大师的“言绝虚浮，行绝名利”作为自己的座右铭。六十年来，我不曾散着裤管、身着短衫外出，我不曾穿着大袍跑步，不曾上咖啡厅与人聊天，不曾在倾盆大雨时手执雨伞，甚至地震摇撼落石崩于前也都能镇静念佛，不惊不惧……这些举止均非矫饰，而是经年累月持续当年的一念初心——“做得像一个和尚的样子”所养成的习惯。

· 佛光菜根谭 ·

受教者，应如“虚空”接纳一切，方能容受真理；
施教者，须像“虚空”无所不相，才能同事摄受。

学习什么

常羊拜屠龙子朱为师学习射箭。“你知道射箭的道理吗？”屠龙子朱因此讲了一个故事，“有一次，楚王到云梦泽打猎。他让手下人把豢养的禽兽都驱赶出来供自己射猎。一时间，天空禽鸟齐飞，满地野兽奔逐。楚王举弓搭箭，一会儿对准鹿，一会儿对准麋，正想放箭，一只天鹅又从他头上掠过，馋得他又把箭指向空中。就这样，楚王瞄了半天，一箭没放。这时候大夫养叔对楚王说：‘我射箭的时候，把一片树叶放在百步之外，射十次中十次；如果放上十片叶子，那么能不能射中，就很难说了。’”

摘引自《寓言故事》

人生在世，要想立足，应该学习的事情很多，学习做人，学习处事，学习技能，学习读书，学习礼貌，学习自爱。世间万事万物、情与无情，都值得吾人学习。就拿动物来说，我们要学习狗的忠诚，学习牛马的奉献，学习虎豹安处深山，学习老鹰坚毅飞翔。动物的长处有胜于人者多不胜数，要学习也不容易。再就大自然来说，也有很多值得学习的地方，如：

一、学习小草的身段柔软。不要小看路边一棵弱不禁风的小草，狂风暴雨能折断千年大树，唯小草因其身段柔软，能安然无恙。吾人如能成就高耸挺拔的大树，勇敢地与狂风暴雨抗衡、较量，固然很好，否则就学一棵柔软的小草，也能活得傲然，活得挺立。

二、学习流水的遇阻则弯。江湖河海，急流滚滚；溪涧潺潺，流水清浅。水的精神，不仅仅滴水能够穿石。尤其是遇山水转、遇石水转、遇舟水转、遇岸水转，水性不管遇到任何阻碍，都能遇阻则弯，所以能奔向大海。人如果能学到水的性格，周转自如，能够不拣细流，点滴润泽苍生，则受苦受难也是在所不计，所谓“但愿众生得离苦，不为自己求安乐”，这就是菩萨的心。

三、学习和风的成熟万物。在炎热的气候中，一阵和风徐来，让人感到无比舒畅，普世无人不歌颂春风。大自然的冷热都是为了成熟万物。就如阳光，有阳光万物才能生长，有阳光万物才能成熟。人生要能够学习春风给人清爽，学习阳光给人温暖。尤其讲话时，所谓“好话一句似春风，良言一语如冬阳”，语言能如春风冬阳般，给人信心，给人鼓舞，则如佛教所谓“青青翠竹无非般若，郁郁黄花皆是妙谛”。大自然无一不在向我们示意，无一不在对我们说法，所以说“溪声尽是广长舌，山色无非清净身”。

四、学习虚空的无私包容。虚空有多大？哲学家、科学家们至今难以解释，佛教讲“无量无边”。世间能与虚空相比的东西就是我们的心。

经云“心包太虚，量周沙界”，宰相的心量能撑船，诸佛菩萨的心量能包容天地。虚空所以伟大，因为它能包容万物，不管善的恶的都能包容在虚空之中；不管光明的黑暗的也都容许你在虚空里运转。心如虚空，我们的心有体大、相大、用大，比之虚空并不稍减分毫。

可惜吾人不知扩大心胸以包容万物，不知世间万有莫非我心中之物。人如果能学习虚空的包容，则世间万有都如我的兄弟姊妹，世间万物都是助长我们生存的助缘，世间万法都是我心中的艺术。

所以，吾人要学习什么？在宇宙之间，就是学习自然界，学习小草、流水、阳光、虚空。吾人真能学到大自然的奥妙与启发，才不愧为万物之灵。

· 佛光菜根谭 ·

学习，能在无助孤独中使你快乐；
学习，能在疑惑困顿中赐你智慧。

开卷有益

宋朝太平兴国年间，太宗命李防等人编写了一部分类百科全书，收集摘录一千六百多种古籍。宋太宗规定自己每天至少要看两三卷，一年内全看完，遂定名为《太平御览》。曾有人觉得皇帝每天要处理那么多国家大事，还要读这么部大书太辛苦，就去劝他少看些。宋太宗回答说：“我很喜欢读书，从书中常常能得到乐趣，多看些书总会有益处，我并不觉得劳神。”大臣们见皇帝如此勤奋读书，也纷纷读书，所以当时读书的风气很盛。

摘引自《成语故事》

开卷有益，这是古人鼓励学子读书的话，但是到了今日就不一定如此，可能开卷无益，甚至开卷有害。譬如色情书刊、八卦刊物、邪知邪见的书籍充塞了书店书摊，以这样的书籍，读者阅读以后心灵能不被牵引堕落，就已经是幸事了，哪里能称得上开卷有益呢？

有一天，阎罗王开庭审判。他对甲小鬼说："你在世时杀人、抢劫，胡作非为，判你堕入地狱百年，之后出生为人。"接着对乙小鬼说："你在世上整天只知吃喝诈骗，无益于社会人民，也罚你到地狱受苦五十年，再投胎做人。"轮到一个新闻记者，阎罗王说："你堕到无间地狱，不能超生。"记者听判后向阎罗王抗议："刚才他们两个人种种坏事做尽，也不过罚他几年的受苦；我只是一个新闻记者，既没偷盗，也没杀人，为何会被判到无间地狱呢？"阎罗王说："因为你写的文章戕害人心，到现在还继续在世间流传让人受害。他们两个杀人做坏事，受害只有一次就完了。因此，等你所写的书籍所散发的毒素对人的影响消失殆尽，或许还能有超生的机会吧！"

现在有很多人已经不开卷了，而是上网。上网有益吗？从正面来说，现在的科技发达，给予人信息上的方便，上网有益。但现在的科学发展太快，心灵道德观念来不及建立，因此网络上一些虚幻的传播，上网也有害！

当然，开卷有益，确实是不错。如果你开卷学习数学，可以懂得逻辑；如果你开卷学习文学，能够学到诗词美感；如果你开卷学习宗教典籍，可以学到虔诚信仰；如果你开卷学习经济学问，就可以学习到供需的平衡；如果你开卷学习社会群众，你可以得到和谐美满；如果你开卷学习美术，你可以得到心灵的陶冶；如果你开卷学习海洋学，你会懂得包容万有；如果你开卷学习政治学，你可以学习到尊重与妥协。

如果有人问：这许多的学问，我都不开卷，会是什么样的结果呢？答案必然是"无知"。基本上开卷是有益的，只是你不能不慎重选择。所谓"条条大路通罗马"，你要选择一条平坦的道路才能安全抵达，开卷读书也是一样。

· 佛光菜根谭 ·

买书不难，能读为难；
读书不难，能懂为难；
懂得不难，能记为难；
能记不难，能用为难。

为什么

动物行为学家古多尔在非洲原始森林中发现，黑猩猩对她帐篷里的一切都感到好奇，并设法打开每个纸箱。而人类的好奇心与动物的好奇心有根本的区别。人是凭着理性的大脑而产生好奇心，表达了人类求知的渴望。人们对自然了解得越多，就越希望了解到更多的信息，这就是巴甫洛夫称之为“这是什么”的本能，即提问题的本能。在生物进化史中获得外界最大信息量的生物，最有可能适应环获得生存的权利。

摘引自《希望的理由》

在人际往来的对话中，一般人使用最多的语言就是“为什么”。从小孩子学习开始，他就有很多的“为什么”——为什么会有台风？为什么火会烫人？为什么水好冷？为什么肚子会饿……他对一切事都感到好奇。

及至长大，对人的关怀，都问：你吃过饭了吗？你来找我有什么事吗？你身体好吗？你最近在哪里春风得意呢？

如果责备他人，都问：你为什么这么无理？你为什么这么自私？你为什么发脾气？你为什么迟到？你为什么到现在还没有做好？你为什么借钱不还？你为什么这么粗鲁凶暴？

“为什么”有时也是表示对人的关心，比方说：你为什么受了风寒呢？为什么不请医生看病呢？为什么不吃药补补身体呢？为什么不请人照顾你呢？

“为什么”有时是具有启发性的，像禅门：为什么背着死尸到处行走？为什么不能认识娘未生前的本来面目？为什么把那么重的石头背在心里？为什么要说生死事大？为什么你到今天才来？

科学家能发明许多产品，就是因为对许多现象产生“为什么”的疑问。牛顿对苹果为什么会掉到地上感到奇怪，因此发现了地心引力；瓦特看到水蒸气为什么能把锅盖掀起觉得好奇，因此改良了蒸汽机；富兰克林看到雷电想为什么会闪光，因此研究而发现了电；莱特兄弟讶异鸟为什么能在天上飞，因此发明了飞机。

人类常常对于不能接受的问题就呼天抢地地问“为什么？为什么？”来发泄；法官问案要了解内情，也都是问很多的“为什么”。有的人不会问“为什么”，有的人不会回答“为什么”。能问“为什么”的人，他必然是有思想、有看法、有见解的人。所以在佛教讲“小疑小悟，大疑大悟，不疑不悟”。

人总应该有问题，有“为什么”就会有问题。竹子、树木为什么能造纸？黄豆、芝麻为什么能榨油？马和驴子交配后，为什么会生出骡子？回答“为什么”的人，有时候文不对题，有时候言不及义，所以到最后问题还是不能解决。

东方人的学习方式都是照单全收地接受，西方人学习总喜欢问“为什么”。接受的人，知其然不知其所以然；问“为什么”的人，所谓“打破砂锅问到底”，必定要追查出一个所以然来。

东方人讲话的时候，常用“为什么”来责备别人：你为什么这样？你为什么那样？西方人的人际相处不喜欢有太多的问号，喜欢用句点：我吃过饭了；我做好了；我看过了。就如佛经所说的“我波罗蜜了”，就是“一切完成”的意思。

“为什么”是人生中用处很广的一句话，但怎么个用法，学问很大，不得不深思而用。

· 佛光菜根谭 ·

学问，学了要会问；
参学，参了还要学。

沉不住气

大夫庞恭和魏太子一起作为人质，准备启程赴赵都邯郸。临行时，庞恭问魏王："如果有人对您说他看见闹市人群中有只老虎，您信吗？"魏王说："我当然不信。"庞恭问："如果有两个人对您这样说呢？"魏王说："那我也不信。"庞恭接着问："如果有三个人都说亲眼看见了，您信不信？"魏王说："啊，有这么多人都说看见了老虎，那肯定确有其事，我不能不信。"庞恭深有感触："果然不出我的所料，问题就出在这里。其实，单个老虎是决不敢闯入闹市的。如今君王您不顾情理，不深入调查，只凭三人说虎即肯定有虎，那么等我到了邯郸，您要是听见三个或更多不喜欢我的人说我的坏话，岂不是要断言我是坏人吗？"

摘引自《成语故事》

做人要有修养，沉得住气就是修养，有的人因欢喜、得意而沉不住气，有的人因生气、斗争而沉不住气，有的人因委屈、受冤而沉不住气。总之，沉不住气就是毛躁性急、莽撞失控，是没有修养的行为。

沉不住气的人，常会将预先得知的事情或机密任意传播，因而扯出许多是非麻烦。例如，得知自己中了特奖，即将接受高额奖金，因此得意忘形，沉不住气，而四处张扬，不久后就受到不肖分子的恐吓勒索。

两军对抗时，沉不住气的一方必因此而败战投降；运动场上，沉不住气的一方必因此而自乱阵脚；政治候选人相互辩论，沉不气的一方必因此而自暴其短；青年初入社会，如果沉不住气，必因此好高骛远而不能脚踏实地从基层做起。

佛陀在菩提树下夜睹明星开悟后，又在禅定中沉思了二十一天，才向世人宣说悟道的法喜与见解，这是因为沉得住气啊！世界上的伟人，修身养性皆是为了让自己沉得住气，如诸葛孔明的赤壁之战，以及于空城之上的自在，皆因沉得住气而能瞒过敌方；韩信的“明修栈道，暗度陈仓”，也是因沉得住气而能越过险难；慧能大师因沉得住气，才能等到五祖给他的印可。

楚汉相争时，项羽以刘邦的父亲为人质，说：“你如果不立即投降，就烹杀你的父亲。”刘邦回应：“我与你曾相约结为兄弟，我的父亲就是你的父亲，如果你一定要烹杀你的父亲，不要忘记分给我一杯羹。”刘邦因沉得住气，所以才能胜过匹夫之勇的霸王项羽。

树上的果实，尚未成熟急于摘之，酸涩不可食；科学研究，未能再三试验，其中恐或有误；人才的选用，没有多方测试，则恐不能胜任。未熟先食、未成先用，都是因为沉不住气，实终不足取也。又如黔之驴因无戒心又沉不住气，终被老虎所食啖，不可不引以为戒啊！

佛法说“众缘所成”，等到一切条件具备，则能功到自然成，而欢喜、成就常在沉不住气的情况之下有所闪失，吾人可不慎乎？

·佛光菜根谭·

凡事须养深积厚，不求速成，因为人生是一场马拉松赛跑，
要耐得住、耐得长、耐得久。
世界上没有真正困难的事，做事须得肯接受别人嫌、别人怪，
久而久之，做事就会顺利。

善于探病

一九九五年，我住院开刀，承蒙大家爱护，不断有人来访来电关心我的病情。为了答谢大家的眷顾，六月十九日，我在台北阳明山中山楼举办恳谈会。郑石岩教授应邀致辞时说了一段禅宗公案——洞山良价禅师卧病在床，弟子曹山本寂禅师前往探望：“老师身体有病，不知是否还有不病之体？”洞山禅师说：“有。”曹山禅师再问：“不病之体是否看得见老师呢？”洞山禅师回答：“是我在看他。”曹山禅师不解：“不知老师看到了什么？”洞山禅师说：“当我看的时候，看不到有病。”郑教授说完，回头问我：“师父，不知您在病中看到了什么？”我回答：“我看到了大家。”台下掌声如雷。

世间什么最苦？生病最苦。生病时，即使华屋大厦，住在里面也不舒服；金银财宝再多，也不能运用；妻子家人满堂，也不能代替我苦；山珍海味虽然丰富，却一点胃口也没有。所以英雄只怕病来磨，真是一点也不错。

当一个人生病的时候，如果名气太大，探病的人络绎不绝，为了接待访客，种种的辛苦反而加重了病情。有的普通小民，到了生病的时候，所谓“久病床前无孝子”，儿女都避不见面，哪里还有什么亲朋好友来探病呢？病床前的寂寞也是难以排解。

现在一般说来，儿童病房里都有慈母走动，老人病房常常是寂静冷清。现在有许多不当的探病方式：一直和病人讲话，让病人不得休息；或者一直询问病情，或者探病时间不适当。有时病人才刚开过刀，他好意想要讲些笑话帮助病人减轻病痛，结果病人大笑，伤口破裂而加重病情。

有的人探病，表情严肃；有的人讲话不当，让病人感伤，或对自己的病情不乐观，产生疑虑。甚至有些人不鼓励病患相信医生，反要病患相信他的秘方，令人不知如何是好。

探病时态度要从容祥和，要面带微笑，不要乱报秘方，不要追问病情，也不要追问有无其他人来访。因为每个人只要问一次，生病的人却要不断重复回答相同的问题。

如何帮助病患消除病床上的寂寞？送些轻松的书籍给病患阅读，也可减轻病情。不要送一些不当的物品，如送糖果给糖尿病的人，或是送花给病人造成过敏，或是送给胃溃疡的人牛奶等。各种病情对某些物品各有禁忌，所送的东西都必须谨慎选择。

有个董事长生病住院，为了让他欢喜，公司员工每回来探病便不断报告公司这个月营运如何、利润多少。董事长满脸无奈地说："我现在不管订单、入账多少，我现在能够小便最要紧。"

佛说："八福田中，看病第一福田。"佛陀以身作则，亲自为病比丘倒茶、为病比丘洗衣服。希望每个人都善于探病，让病人都能得到佛法的喜悦，得到亲人的关怀，得到朋友的祝福，得到身体的轻安。

·佛光菜根谭·

一丝小小的微笑，给人无限的欢喜；
一声小小的爱语，给人无边的受用。

看什么

两个妇人聊天。甲妇问："你儿子还好吧？""别提了，真是不幸。"乙妇叹道，"他实在够可怜，娶个媳妇懒得要命，不烧饭，不扫地，不洗衣服，不带孩子，整天睡觉，我儿子还要端早餐到她的床上呢。”

“那你女儿呢？”“她可就好命了。”乙妇满脸笑，“她嫁了一个不错的丈夫，不让她做家事，煮饭、洗衣、扫地、带孩子全都由丈夫包办，而且每天早上做好了早点才叫我女儿起床呢！”

摘引自《生活中的故事》

我们生来有两只眼睛，在世间看尽花花绿绿的社会，看透穷通祸福的人生。看好的，好得不多；看善的，善得也很少。我们所看到的，只有增加自己的感伤，增添自己的忧愁；有时候不看也罢，因为这个人间没有什么可看的。可是，人在世间真能不看吗？环境逼着你要看，他人也需要你看。那么我们究竟要看些什么呢？

一、看内不看外。在《楞严经》里，阿难尊者“七处征心”。心在哪里呢？我们的分别心，当然在内；外境的长短方圆、赤白黄黑，当然在外。现在我们要能看内不看外，甚至进一步不看内，也不看外，内外都能泯除。看外，是人情冷暖，不好看，要看内心的沉淀。甚至能更进一步，看超越一切的无，能看到空无，才是永恒。

二、看静不看动。动态的社会，动态的人生，在一切动的里面，都有明日黄花之感。今日宴会的欢乐，明日还有吗？今日三朋五友的聚谈，明天还在吗？一切动的都会过去，一切动的都会消失，一切动的都会变化。因为动的都不存在，只有看静的。静态的，看山，青山常在；看树，树木常青。更重要的是，人要看自己，看静态的精神层面。最好要能超越动静两个层面，若能看到一个“如”字，一切皆如也。

三、看人不看己。人都欢喜看自己的利益，“我要”、“我想”。假如想到“我”之外，也能看到“人家”、“人想”、“人要”；能把“我”看小、看轻，把“人”看大看重，就会增加“人和”。甚至不仅不看“己”而能看“人”，进而不只看“人”而能看“众”，看到团体大众，看到社会大众，众才是整体，我们只是众中的一个。

四、看好不看坏。世间事都有两面，有好也有坏。坏人、坏东西、坏事情、坏团体，坏的都不好。东西坏了不能用，蔬菜水果坏了不能吃，所以要看好不看坏。社会上尽管有坏的一面，但还是有很多好人好事、好的语言好的作为。看到好的，就有信心，就有鼓励。不过，若能有更高的境界，好坏之外，还要看“善”，只要“善”的，就是超越好坏之外。

五、看真不看假。这个世间真真假假，假假真真，似真似假，似假似真，真是让人眼花缭乱，看不实在。当然，虚假的社会、虚假的人生、虚情假意的人到处皆是。其实这个世间还是有实在的人、实在的事，也有实在的真心。看真看假之外，要能看到“空”，空去一切对待，空去一切妄想颠倒之外。

六、看义不看利。孟子见梁惠王，王问：“不远千里而来，有以利吾国乎？”孟子曰：“何必曰利，亦有义乎？”孟子看到义，梁惠王看到利。利重乎，义重乎？利是利害、利益，利欲熏心；义是义气、义士、义工，义的美事可多了。若能在义利之外，还能看到“法”，能够忘了义利的对待，而把一切建立在“无为法”上，那么吾人境界就会更高了。

·佛光菜根谭·

我看花，花自缤纷；
我见树，树自婆娑；
我览境，境自去来；
我观心，心自如如。

五不能

某甲擅长捕鸟，编织有密密匝匝的罗网。某乙常跟着看，发现了一个“秘诀”：鸟只要钻进一个网眼就能被捉住了。于是他回到家，将麻绳一根根结成单独的小圆圈，分别系在长竹竿上，取名“独目网”，也到树林中去捕鸟。结果，在树林里守候了一天，他连一根鸟羽毛都没得到。

摘引自《寓言故事》

世间的事，有能做的，有不能做的。举手之劳，给人一点助缘，不肯去做，是不为也，非不能也。给人一句好话、一个微笑，吝于布施，是不为，非不能也。世间事，能为的不为，不能为的为之，都是不智之举。兹有“五不能”奉告大家：

一、揭弊而不能揭短。社会上有很多弊案，政治上的弊案、公司里的弊案，甚至学校、家庭里都有弊案。任由弊案存在，不闻不问，这是没有善尽职守；有了弊端，我们应该揭穿它，把它提出来检讨改进。但是，揭弊可以，却不能揭人之短；揭人之短，伤人的前途，坏人的名誉。假如我们只揭其弊，使令有机会改进，不涉及人事，此诚两全其美之举也。

二、整装而不能整人。人要保持服装仪容的端庄整洁，这是一种社交礼仪。每天出门前，对镜整装，看看自己的衣着是否端正平整，乃至有时也可以帮他人整装，帮他把帽子戴正，把衣服拉平，帮他增加一条领带围巾等。为人整装可以，但不能整人，有的人好开玩笑，以整人为乐；有些人修养不够，以磨人为乐，专爱整人。一件事，只要他肯帮个小忙，很快就能解决，但他偏要麻烦你，要你重新再写一份资料，要你重新再跑一次，完全不体恤别人的辛苦，任意要求而加重别人的困难，这就是整人。整人的人自以为得意，其实你整的人多了，有朝一日因果相报，你整人，人整你，后悔莫及。

三、轻松而不能轻浮。人的生活不能一天二十四小时都绷紧神经，要求生活里的每个举动都合乎“行如风，坐如钟，立如松，卧如弓”，这也太严肃了，别人跟你同居共住，也很为难。生活中偶尔也要有轻松的一面，要能跟大家随缘。例如初见时表示热烈欢迎，相谈时眉飞色舞，妙语如珠，开个小玩笑，都无伤大雅。但是，生活可以轻松，行为却不能轻浮。轻浮不同于轻松，轻浮是拿别人来取笑，轻浮是出言不当。尤其男女之间，轻浮的举动是对人的不尊重。轻浮是表示放荡，轻松是表示自然，我们的言谈举止可以有轻松的自然，但不能有放荡的轻浮。

四、自信而不能自满。做事情要有自信，有信心才有力量。凡事预先安排妥当，做起事来有目标有方法，一切按照自己的规划发展，当然信心十足。做事要有自信，做人不能自满，千万不能以为自己的计划就是独一无二、自己的办法都是无懈可击，因此轻视别人，藐视别人。在自信里要懂得谦虚，因为自满容易傲慢，所谓“谦受益，满招损”。自高自大、自满自傲的人容易遭致失败，是做人做事之大忌。

五、随缘而不能随便。佛教有一句富含人生哲理的话，叫“随缘”。你拜托他说什么话，他觉得能说，就说“我随缘”；你拜托他做什么事，他觉得能做的，也说“我随缘”。随缘布施，随缘参加，随缘奉献，随缘建功，但是千万不能随便。随便议论事情好坏，或是前因后果都没有弄清楚，就随便任意执行。随便的后果必定是不便。你太随便，一旦引起反弹而遭致不便，那就麻烦大了。

·佛光菜根谭·

自信者毁誉不能改其志，知足者权力不能变其节；
静心者恩怨不能乱其神，有德者是非不能扰其心。

凡事预则立

有天，淳于髡来到邻居家，见其厨房灶口突出，柴禾紧贴灶口堆放，便告诫这会引起火灾，并就如何改灶和堆放柴禾提出建议。邻居却当了耳旁风。不久，果真导致了一场大火，多亏大家相助才将大火扑灭。而在感谢参与救火者的宴席上，唯独没有请来淳于髡。

摘引自《成语故事》

人在世上生活，每凡做一件事都要有预备有计划，才能逐步完成。即使是要订一个计划，也必须把人力、财力、时空、人事等关系都要想得到。如能因缘条件俱全，则事业成功自然有望。

现代社会愈来愈复杂，不再像过去走一步算一步、船到桥头自然直了，现在都是拔一毛而牵动全身。例如，身体有病了，要到医院治疗，都必须预先经过检查、验血、照X光等诊断，然后才能治疗。如果要修筑一段公路，也必须事先测量、购地、绘图、发包，把监工、用材、气候、周围环境、行人的安全、工人的管理等相关事情都要计划周全，才能事半功倍。

现在提倡的生涯规划、生活规划、事业规划等在在都说明：凡事预则立。当然，生活中有一些事情是临时起意也并非不可以，只是必须要有一些事前的因缘条件。例如领导者的条件，或是万缘皆备，或是时势所趋，或是顺时应势。如果事前因缘条件都不具备，没有计划，没有预备，要想事情圆满成功，这就难了！

林语堂一生应邀做过无数场的讲演，但他不喜欢别人未经事先安排，临时就要他即席讲演，他说这是强人所难。他认为，一场成功的讲演，唯有经过事前充分准备，内容才会充实。有一次，林语堂应邀参观一所大学。参观后与大家共进午餐，校长认为机不可失，便再三邀请林语堂对同学即席讲话。林语堂推辞不过，走上讲台，说了这么一个故事：

古罗马皇帝喜欢把人丢进斗兽场，看着猛兽把人吃掉。这一天，皇帝又把一个人丢进了兽栏里。此人虽然矮小，却是勇气十足，当老虎向他走来，只见他镇定地对着老虎耳语一番，老虎便默默地离开了。皇帝很惊讶，又放了一头狮子进去。此人依旧对着狮子的耳边说话，之后狮子也悄悄地离开。皇帝忍不住好奇，便把此人放出来，问："你到底对狮子、老虎说了什么话？为什么它们都不吃你？"此人答:“我只是告诉它们——吃我可以，但是吃过以后，你要作一场讲演。”

一席话听得学生哄堂大笑，一旁的校长窘得不知所措。对于一个如林语堂这么擅长讲演的学者，他都不作没有预备的讲演，可见事前预备工作的重要。

所谓“凡事预则立，不预则废”，实堪作为吾人生活的座右铭啊！

·佛光菜根谭·

做事一次即成功，不可太过得意，
须防乐极可能生悲；
做事屡次皆失败，切莫太过气馁，
须知否极终会泰来。

生命的刻度

眼空湖海气凌云，杰出丛林思不群。
古往今来谁是我？得饶人处且饶人。
——元 · 石屋清珙

判　断

有项实验，工作人员在超市里设置了两个小吃摊，一个有 6 种口味，另一个有 24 种口味。结果显示：有 24 种口味的摊位吸引的顾客较多，242 位经过的客人中 60% 会停下来试吃；而 260 个路过有 6 种口味摊位的客人中，停下来试吃的只有 40%。最终的结果出乎意料：在有 6 种口味的摊位前停下的顾客 30% 至少买了一瓶果酱，而在有 24 种口味摊位前的试吃者中只有 3% 的有购买。

摘引自《故事中的管理学》

人从出生之后就要学习各种知识，储备各种生存能力。在立身处世的条件中，判断的能力不可少。从小学开始，老师就教我们认识山水的不同、手足的功用、刀尺的能量、男女的分别等，累积我们未来判断事理的常识。

及至成长，人生的常识慢慢丰富了，知道人我的是非，明白世间的善恶，懂得事理的轻重，一切都要靠自己的智慧判断。商人投资经营，对市场行销要能判断；就业找工作，对工作的正邪好坏也要能判断；结交朋友，对方是益友是损友，要懂得判断。

有些人对事情的是非对错总是模棱两可，或是对人的善恶好坏不加判断，难免吃亏。所以，聪明的人从小到老都要学习判断，有正确的判断，自然不会吃亏上当。如《佛遗教经》说："五欲（财、色、名、食、睡）如刀口之蜜，不足一餐之美，小儿舐之，则有割舌之患。"你一定要尝试吗？朋友陷身火窟，我亲往抢救，且有危险，是否该见义勇为？需要有判断力才能合情合理。

关于判断，提供几点看法如下：

一、冷静观察事实。判断任何事情，不能匆忙之间就骤下论断，也不要在一时感情冲动的情况下作出判断。判断需要冷静观察事实，左思右想，思前顾后，所谓前因后果、利害得失都能想清楚，才不会判断错误。

二、理性分析原因。世间凡一切事都有远因近果，当中都有利害得失，所以必须理性分析其原因，以防所作的决定产生不良结果。现在的人大部分感情用事，只讲究利害，不讲是非。如果经过理性分析，只要与人有益者，虽然对我无利，也必须为之；于己有利，但对大众有害者，则不可为也。凡事能从大局着想，以大众的利益为考量，就不容易作出错误的决断。

三、广泛参考佐证。判断事情，有的人智慧很高，遇事立即明快判断；有的人能力不够，碰到事情犹豫不决，必须广泛参考旁人的意见。但是，有时众人所云未必是对，众人所否决也未必成非，还是需要小心求证。一个真正懂得做学问的读书人，有时为了考据一个数字、一个标点，不惜花费时间跑遍图书馆来广泛搜证，以获取最正确的答案。一个能判断的高手，必须有求真、求实、求证的精神，才不会被蒙骗。

四、客观同理思考。一个善于判断的人，不会完全站在自己的立场来思考，应该客观、超然地假设，因为主观容易被蒙蔽，客观才能看清周遭。尤其我们在作判断时，要能设身处地为他人想，想通整个事情的来龙去脉、因缘关系，唯有想得周全，判断才会圆满。

判断是智慧，判断是能力，我们在社会上立功创业、交友处众都需要讲究判断。判断之后才有是非善恶，判断以后才有得失轻重。我们要把人做好，把事做好，必须要有明确的判断能力。主管用人要有判断之明，结交朋友要有判断之智，处理事情要有判断之能。具备判断之智慧，才不会为人为事所误。

· 佛光菜根谭 ·

智者以知，了解一切；仁者以爱，包容一切；
勇者以义，牺牲一切；忠者以诚，奉献一切。

弹 性

我不喜欢出名，但是近二十年来，我颇受盛名之累；我不喜欢理财，但是我必须为了佛教的建设而运筹帷幄，周转募款；我不喜欢计较，但是我不能因循苟且，积非成是；我不喜欢权力，但是我理应为了正义而主持公道。我奉行老师的训示，以欢喜的心情做了许多并非自己所喜欢的事。悠悠岁月，就这样过着人生。

同样的度量衡，在这里量一斗米，到那里一量，可能多一些，也可能少一点。一杆秤，在这里量是三公斤，到别处一称，可能多个一两或少个半毫。即使再标准的度量衡，都有弹性。

一块土地，在都市里一公顷价值数万元，但在乡村山野只值几千元。

土地贵贱有弹性，今年是这个价钱，明年是涨是跌，又是另一个价钱。

就以植物来说，品种改良是植物的弹性。动物有基因改造，动物的成长就有弹性。一栋房屋，价格是高是低有弹性；一包礼品，是贵是贱也是有弹性。世间没有一成不变的事情，不要那么执著，有弹性才好做事，才能成功。

世间除了因果法则以外，情理、物理、事理、心理等都有弹性；把握弹性的原则，只要是善良的、合法的，在弹性的空间里应该凡事都可以商量。世间各行各业都要开会，意义就是在一件事里寻找弹性的公平和公道。

人间有些什么弹性呢？

一、语言轻重有弹性。有人说“我跟他讲话是用严重的口气”，也有人说“我和他讲话语气尽量温和”，可见语言是有弹性的。有的人说话，一句话可以让你欢天喜地，一句话也可以让人怨从心起。有时候讲话的人语言讲得有弹性，有时候是听话的人听得有弹性。吾人在使用语言文字时，要拿准语言的弹性空间。

二、金钱预算有弹性。现在公司、团体，乃至家庭，都要讲究预算，有预算才有办事的标准。编列预算可以十万，可以二十万，这就是金钱预算的弹性。当然，这当中牵涉的问题很广，例如投资的目标、价值，资金的来源、用法，都在弹性的空间里斟酌决定。所谓“吃不穷，穿不穷，算计不到一世穷”。

三、法院判决有弹性。打官司，诉诸法律，要请律师，因为法律的条文是有弹性的。我们不是看到判决书里，地方法院判决五年，到了高等法院只判三年吗？甚至已经被判决死刑的人，上诉之后还会获得无罪释放。可见法院的判决有很多是非曲折，有各种法律根据的弹性空间。

四、道德仁义有弹性。孔子与孟子，一称“至圣”，一称“亚圣”，这就是说道德仁义之间的弹性。七十二贤人当中，谁最受孔子欣赏？谁最常被孔子责备？这也可以看出道德仁义的弹性。佛教所谓罗汉四果、菩萨五十二阶位，这是菩萨、罗汉们修行的差距，也是道德仁义的弹性。

这是一个有弹性的世界，人情是非、人心事理之间，你能悟出哪些人性之间的弹性？

· 佛光菜根谭 ·

“随缘”是立场互易，随顺环境，
但绝非随便行事，苟且偷安；
“不变”是择善固执，一以贯之，
但不是墨守成规，泥古不化。

多多益善

某公司准备高薪雇用一名司机，经过层层筛选，剩下三个技术最优良的竞争者。主考人问：“悬崖边有块金子，你们开着车去拿，觉得能距离悬崖多近而又不至于掉下去呢？”“两公尺。”第一个人说。“半公尺。”第二个人很有把握地说。“我会尽量远离悬崖，愈远愈好。”第三个人说。最后公司录取了第三个人。

摘引自《哲理故事》

音乐会、演唱会结束时，观众会叫“encore”，这是因为表演得好，所以希望再来一次。

好的“再一次”多多益善，坏事则不要有“再一次”。遗憾的是，现在的社会刚好相反，“好事不出门，坏事传千里”，即使是好事，媒体总是轻描淡写地报道一次就过去了，甚至小小的一次也不肯播报；坏事则是不断地重复报道。本来只是小小有限的一点坏事，被媒体一再夸大渲染，也会变成无限的重大；本来是有无限功德的好事，媒体不肯报道，也无法对社会造成正面的影响。如此，你说社会怎么能不腐坏呢？

再一次，不是好，就是坏。不好的事情，再一次被提出，往往造成二度伤害；即使是好事，有时也是只要一次就够了。好话，只说一次；讲多了，便不实在。所谓“一言一用，千言无用”，有用的话，一次也就受用无穷了。

科学家在实验室里失败了，他可以再来一次，为的是争取未来的成功；医生为病患施行手术，一次没有成功，他可以再来一次，希望还给患者健康的身体。考试，第一次没有考好，可以再一次考；文章没有写好，可以再一次写；衣服没有洗干净，可以再一次洗；忏悔发愿，也可以一而再，再而三，日日发愿，时时忏悔。运动员跳高跳远都可以一次又一次，连跳三次，这是比赛的规则，希望他有好的成绩。这都是希望愈来愈好，都是希望向上、向善、向好，所以可以再一次。

废纸回收，再一次使用，称为再生纸，这对人有益；破铜烂铁，也可以回收，重炼成钢。浪子回头，父母总是一次又一次给儿女机会，希望儿女改过向善。这都是好的再一次。

结婚，最好只有一次；假如再一次结婚，总是人格上有瑕疵，不圆满。国家与国家一时断交，一时建交，再一次的，总是有了裂痕。朋友与朋友之间误会绝交，即使重归于好，友谊也已经有了伤痕。

再一次当选、再一次得奖、再一次升官，都可以一再。只是人生有时候只有这一次，没有再一次。人生的时光，明天不是今天，明年不是今年，虽然日子一天一天地连续，它不是再一次，今天过了不会再来，今天只有这一天。我们生而为人，所谓“得人身如爪上泥，失人身如大地土”，故佛经有“盲龟浮木”之喻。人身难得，一次就不简单了，你说再来一次，就更不容易了。

人生很多时候只有这一次，没有再一次，吾人要懂得好好珍惜人身——好的，可以再一次；坏的，千万不能有再一次。

·佛光菜根谭·

人生中，每一次的经验都是前进的垫石；

生命里，每一次的成败都是未来的借鉴。

反　常

科学家做过一个实验：把跳蚤放在桌上，一拍桌子，跳蚤迅即跳起，高度均在其身高的百倍以上。然后罩上一个玻璃罩，再让它跳，跳蚤一跳就撞到玻璃罩。连续多次，跳蚤降低跳的高度，每次保持在罩顶以下。接下来，逐次降低玻璃罩的高度，跳蚤都在碰壁后继续降低自己的高度。最后，当玻璃罩接近桌面，跳蚤已无法再跳了。于是把玻璃罩打开，再拍桌子，跳蚤再也不会跳了。

摘引自《做自己想做的》

我们偶尔会听到有人说：某人最近行为很反常。所谓反常，就是异于平常，与往日不同。一个人反常的言行举止多了，身边的人就会慢慢疏远他；社会上反常的事例多了，就会让人忧心，觉得什么都不对劲。现在社会反常的事情的确很多，例如：

一、天气反常。春夏秋冬，随着时序更迭，春暖花开，冬来天寒，都有一定的循环规律。但现在的季节变化，冷暖寒热并不一定按照节气来，这就是反常。比如2008年的雪灾，一些原本不下雪的地方竟大雪纷飞，积雪成灾，绵延数省。台湾南部过去秋冬不下雨，现在也经常天雨不断。地球暖化愈来愈严重，气候为之转变，差不多中年以上的人都会感受到，现在的天气明显反常。

二、时代反常。历史上，凡是产生极大变革或有长足进步的时代，我们都歌颂其为波澜壮阔、绚丽多彩的大时代。现在这个时代，科技日新月异，总让人觉得这是大时代的进步。只可惜现在价值观念扭曲，是非轻重失去标准，一般人只重利害，不计得失，大家以是为非，以非为是，甚至以骂人为能干，以修养为懦弱，更是反常。现在整个社会“笑贫不笑娼”，大家只知追求感官刺激，视诚信道德为无物。尤其经过媒体推波助澜，更加使得社会往下沉沦。这些都是社会的反常现象，令人忧心。

三、生活反常。过去的社会，男人在外工作，每天忙于应酬，很少与家人团聚，所以有一段时期提倡“爸爸回家吃晚餐”。现在很多家庭，不仅爸爸不回家吃晚餐，连妈妈也不回家吃晚饭了。现代人几乎把家庭当成旅馆，只有晚上才回去睡觉，平日整天在外工作，节假日也喜欢到外面旅游，不肯待在家里。即使平时居家，也是晨昏颠倒，生活无规律。另外钥匙儿童、独居老人的问题严重，很多人感受不到家庭温暖，因此不觉得家的重要。一个没有家庭观念的社会，人民怎么会有动力呢？

四、人情反常。过去的邻居，彼此敦亲睦和，所谓“远亲不如近邻”。现在几乎是“老死不相往来”，楼上楼下乃至隔壁邻居，几年也难得见上几次面，见了面也不打招呼。人情的疏离冷漠，就像大楼的水泥墙壁一样，造成人与人之间的隔阂，“守望相助”已经成为古老用语了。

五、心理反常。各种反常当中，最严重的是人的心理反常。过去人心重义重信，现在则是重利重名，一张选票五百元就卖了，如此尊严还有价值吗？尤其人心重利轻义，以价代信，完全不重视精神内涵的心灵生活。一个没有心的人，就好像没有根的树木花草；人没有心，树木没有根，生命力在哪里呢？所以从反常的气候、反常的时代、反常的生活、反常的人情，到反常的心理，都很可怕。

·佛光菜根谭·

美色的后面有危险的深渊，金钱的后面有虎狼的魔爪；
毒品的后面有毁灭的陷阱，懈怠的后面有失败的人生。

忧患意识

国王视察马厩，问养马人："马厩里大小诸事，你觉得哪件事最难？"养马人一时语塞。有个大臣代为答道："从前我也当过马夫，依我之见，编用于拴马的栅栏最困难。在编栅栏时所用木料往往曲直混杂。如果你在下第一根桩时用了弯曲的木料，随后你就得顺势将弯曲的木料用到底，曲木之后接曲木，笔直的木料就难以用上；反之，如果一开始就选用笔直的木料，继之必然是直木接直木，曲木也就用不上了。"

摘引自《故事中的管理学》

现代是个重视教育的时代，父母为了儿女的教育，有种种的辛苦牺牲，有的举家移民，或是夫妻分居两地。现代的家庭教育、学校教育、社会教育，都非常普及深入，然而缺乏一份忧患意识的教育。

所谓忧患意识的教育，就在于一个"防"字。例如防灾、防盗、防火、防震、防骗等。

现代人的生活中，时时刻刻，随时随地，都要防备万一。例如，出门了，要防备路上塞车；车行路上，要防备有人闯红灯，突如其来撞上你。妇女夜晚出门，要防患歹徒袭击；搭乘出租车，要防备遇上色狼。出门在外，要随时告诉家人去处，以防失踪了都没有人知道。

平日居家，要防患门户安全；左右邻居要守望相助，尤其冬防时期，如《禅林宝训》说"重门击柝"，以防宵小光顾。平时不要轻易让不认识的人上门，不要随便接听陌生人的电话；家中火烛要随时熄灭，要防患电线走火、瓦斯泄气等。居家要常备医药箱、手电筒、灭火器等，尤其要储粮、储水、储钱，以备不时之需。

平时对于世界局势、国家大事要随时关心注意，万一经济不景气，物价波动，或是失业了，怎么办？有时中奖了，也要防备歹徒的觊觎；升官了，也要防患小人的嫉妒。防患政治的迫害，防患坏人的诬陷，防患伴侣外遇，防患儿女交上损友以染上恶习等，都要注意一个“防”字。

建筑房屋要有防震、防风、防地层变动的相关措施；乃至要有逃生的防火巷等。人际往来也要防骗；防患被陌生人所骗，被朋友、同事、邻居，乃至亲人所骗。所谓“害人之心不可有，防人之心不可无”，防骗最好的方法就是不贪。

除此，偶尔外出投宿旅店，要注意逃生设备；到餐馆吃饭，要注意饮食卫生等。所谓“天有不测风云，人有旦夕祸福”。吾人要建立积极进取的人生观，要有乐观喜悦的性格，要相信人生是充满希望、充满美好、充满得意、充满光明的。我们有一个快乐的人生、欢喜的人生，然而吾人也要有忧患意识，不能没有防备心，不能没有警觉性。凡事要防患于未然，所谓凡事预则立，有防才能有预；有忧患意识的防预心，这是现实人生应有的积极态度，千万轻忽不得。

·佛光菜根谭·

做事一次即成功，不可太过得意，须防乐极可能生悲；
做事屡次皆失败，切莫太过气馁，须知否极终会泰来。

方　便

有个小和尚，每天早上负责清扫寺院里的落叶。秋冬之际，每次起风，树叶总随风飞舞。要花费许多时间才能清扫完，这让小和尚头痛不已。后来有人跟他说：“你明天打扫前先用力摇树，把落叶都摇下来，后天就可以不用扫了。”小和尚觉得这是个好办法，就照办了，一整天都很开心。第三天，小和尚起床一看，不禁傻眼了——院子里如往日一样满地落叶。老和尚走了过来说："傻孩子，无论你今天怎么用力，明天的落叶还是会飘下来。"世上有很多事是无法提前的。

摘引自《成就人生的100个哲理》

人都贪求方便，但是有方便，就有不方便。例如，发明了飞机，国际旅行很方便；但是经常超额支出，生活费透支的结果就不方便了。出门有汽车可以代步，要到哪里就到哪里，访友兜风其乐融融，但到了要加油时就不方便了。

这个世界都是相对的，没有绝对的方便；方便是要付出代价的，方便有时候造成不方便，就更加苦恼了。试举数例，说明如下：

一、汽车很方便，抛锚时不方便。出门不管坐汽车、骑机车都很方便，只是万一车子抛锚时，停在路边，甚至夹在马路的车阵中，前也进不了，后也退不得，其难堪真是不方便到了极点。善于保养车子的人，不至于经常有抛锚、缺水缺油的事发生；如果是粗心大意的人，不方便的时候就很多了。

二、马桶很方便，不通时不方便。过去的人大小便都使用茅坑，或使用尿桶，每天清理善后很不方便。现在有了抽水马桶，照说应该很方便，但抽水马桶有时候不通，臭气四溢，那时如果你没有一点处理技巧，就不方便了。尤其有时候到别人家里做客，使用后发现马桶不通，那就更是尴尬了。

三、刷卡很方便，缴钱时不方便。刷卡购物，这是现代人很普遍的生活习惯，不管买什么东西，刷了卡，东西带了就走，连找零钱都不必，多么方便！但每个月到了缴钱的时候，衡量一下自己有那么多钱应付卡债吗？如果无法应付，那就名副其实的"不方便"了。

四、计算机很方便，当机时不方便。近几十年来，计算机的发明大大改变了现代人的生活。只要拥有一部计算机，天下事都在自己的掌握之中。要打电话，通过计算机网络可以实时通话；要写信，利用计算机

E-mail 传送，快速又省钱；要找数据，只要一上网，任何数据都能信手拈来，得心应手。可以说，只要一部计算机在手，不管帮助自己做学问，或是处理日常事务，真是万般方便。只是有的人依赖计算机习惯后，万一有一天计算机突然当机了，整个人的生活也都停摆了，做什么都不方便，真是急死人也。因此方便的后面，总潜藏着一个很大的不方便。

五、快餐很方便，吃坏肚子不方便。现代人凡事讲究快速，三餐吃饭也喜欢进快餐店，汉堡、薯条、炸鸡等，一点东西就来，实在很方便。但是快餐吃多了，营养不均衡，甚至吃坏了肠胃，影响了健康，那么一生都会感到大大的不方便。

六、高速公路很方便，塞车时不方便。现在举世都在兴建高速公路，行车在高速公路上，畅快无比。但是每天上下班的塞车，节假日风景区一塞几小时，遇到车祸时的塞车更是没有数小时无法动弹，那就很不方便了。

世间事都是相对的，有好人就会有坏人，有方便就有不方便，所以要有居安思危的观念，无论在什么时候，方便时就要想到不方便时该怎么办。有危机意识，才能防范于未然。

·佛光菜根谭·

勿因忙于枝节小事而忘了坚持伟大的目标，
勿因贪图眼前利益而忘了追寻永远的安乐。

多 听

唐庄宗领着一帮人在中牟县围猎，一头受伤的野猪逃进麦田，踩坏了麦秆。县官目睹此景，叩头劝道：“皇上，别派人追了，再糟蹋好多麦苗，老百姓要少吃好多口粮呢。”庄宗大怒，要杀他。敬新磨冲上前，指着被绑的县官大骂：“你这糊涂的东西，亏你还做官！你不知道皇上最爱打猎吗？你应该事先把那大块麦田空起来，不要种庄稼，要播种杂草灌木，再捉了野兽放进去，好让皇上打猎能满载而归。你还怕老百姓饿肚皮，国家收不上税吗？你要明白，皇上打猎是大事，老百姓饿肚子是小事；让皇上高兴是大事，国家收不上税是小事……”庄宗听出敬新磨话中有话：“算了，县官也是一片爱民之心，放了他吧。”

摘引自《历史小故事》

人的身体真是奇妙！眼睛能看世界形形色色的万象，耳朵能听世间无形无相的音声。听与看，听比看尤其重要。一场戏剧，结束就看不到了，再经人讲说，就听得到；墙外有人讲话，我看不到人，但听得到声音。很远的地方，影像看不清楚；但远处传来巨大的声响，我听得明白。所以，佛教里所有经卷都以“如是我闻”开头，意思是要我们谛听、善听、全听，凡事要多听。

我们要多听一些什么呢？

一、多听好人好事，会有欢喜。人有一种陋习，喜欢听别人的是非、隐私，不喜欢听讲好人好事的故事。假如我们能改变这种性格，多听好人好事，心中生起随喜之心，所谓见贤思齐，则“尧何人也，舜何人也，有为者，亦若是”。能多听圣贤的好人好事，不但会心生欢喜，而且必能成圣成贤。

二、多听他人规劝，会有改过。“人非圣贤，孰能无过”，孔子的弟子子路“闻过则喜”，大禹“闻过则拜”。假如我们能接受人的规劝，必能改过。遗憾的是，现在的人即使是善意的规劝，但对方总说一大堆道理表示他没有错误。没有认错的美德，行为怎么能改正呢？

三、多听别人需要，会有爱心。做人不能常讲自己需要什么，要多听听别人的需要，你听得懂别人的需要，就会生起爱心，那就是慈悲。人的缺点是往往把自己的需要列为第一，对别人的需要漠不关心。人生在世要靠别人的因缘助成，才能成事；你没有在人家需要的时候给予援助，当你有了需要，他人怎么会帮助你呢？

四、多听弦外之音，会有警觉。有些朋友或长者，要建议我们做什么事，他不愿意直接明说，就用旁敲侧击的方法暗示，你能听得懂他的弦外之音就会有所警觉。当然，我们不能误解弦外之音的好意，更不能对弦外之音有不当的疑惑。自己能警觉，并且自问“我是否能改进”、“我是否能做到”，那就是听懂懂弦外之音了。

五、多听群众发声，会有无私。群众的声音就是舆论，就是公议。一个人批评我们，可以不接受；两个人批评我们，可以不在意；三个人批评我们，就不可以一味地强辩，甚至怪罪他人。尤其大众的舆论应该比较公平，面对大众的舆论，不可以存有私心护短，不可以自我执著。能够接受公众的声音，以大公无私的雅量容纳，不但可以免过，而且可以增加善念。

六、多听内心音声，认识自己。声音不是出于己口，大部分都是外来的，但是真正的声音是我们自己内心的语言。所谓音为心声，不必通过语言文字，而能在内心为自己评断是非功过，之后还要勇于接受、改过，那就算是真正认识自己了。

·佛光菜根谭·

见人一善，须忘其百非；见人十恶，要记其一善。
忘百非，则众人皆友；记一善，则人皆圣贤。

慎言的重要

一日，王献之偕同两个哥哥王徽之、王操之去拜访谢安。王徽之、王操之二人放言高论，目空四海，唯王献之三言两语，不肯多说。三人告辞以后，有人问谢安，王家三兄弟谁优谁劣，谢安淡淡说道：慎言最好！

有人喜欢饶舌，有人习惯于慎言。饶舌的人常常会吃亏；慎言的人比较不容易受到伤害。

语言，有唠叨，有危言，有狡辩，有贫嘴，有妄言，有绮语，有恶口，有胡说，有冷语，有争议。语言容易犯的毛病何其多，所以不得不慎言。

有人把语言形容成刀剑一样，愈显得慎言的重要。孔子是一个非常慎言的人，他待人诚恳恭谦，看起来好像不善言辞，但在公开场合里他又非常能言善辩。孔子一直在陈说一个道理："言忠信，行笃敬，虽蛮貊之邦，行矣！言不忠信，行不笃敬，虽州里行乎哉！"说话有理就能走遍天下，就能到处通行无碍；如果说话无理，即使是在家乡本土，也是寸步难行。

范雎在卫国见到秦王，尽管秦王求教再三，他都沉默不语；诸葛亮在荆州，刘琦也是多所请教，他同样再三不肯说。最后到了偏僻的一座阁楼上，去了楼梯，范雎和诸葛亮才分别对秦王和刘琦指示今后方向，所以历史上的"去梯言"就表示慎言。现代的人喜欢信口雌黄，好谈论是非，说三道四，大放厥词，谬发议论，有时候危言耸听、标新立异、故弄玄虚、轻口薄言、冷语冰人、说话如剑，到处制造口业，让人感到世间唯哑巴是最慎言的人，也是最不造作口业的人。

在佛教，禅门大师们常常是一言不发，如维摩居士在不二法门的辩论会上不发一言，使文殊菩萨大为折服，称赞维摩是"一默一声雷"，这才是真正会说话的人。佛陀说法四十九年，却自谦地说："我没有说过一个字！"类似慎言如此，沉默是金，诚信然也。

· 佛光菜根谭 ·

眼中看人无贫富，耳里听音好处想；
口中说话无荆棘，身手做事好商量。

误　会

美国人想拍一部中国农民生活的纪录片。他们来中国找到一位柿农，说要买他柿子，请他把柿子从树上摘下来，谈好了价钱。柿农很高兴，找来帮手，一人爬到树上用长杆钩柿子，一人从草丛里把柿子找出来，同时两人高声大嗓地拉着家常。美国人觉得很有趣，全都拍了下来。美国人付了钱就准备离开，柿农一把拉住他们："你们怎么不把买的柿子带走呢？"美国人说不好带，也不需要带，买柿子的目的已经达到了，这些柿子还是请他自己留着。柿农很生气："我的柿子棒着呢，你们没理由瞧不起它们。"美国人耸耸肩，摊开手笑了。

摘引自《一百个有意义的小故事》

"误会朝朝有，没有现在多"，由于现代的资讯发达，人事接触频繁，因此增加了更多的误会。一通电话，可能产生很大的误会；一次会谈，没有增加互信，反而造成彼此的误会。不但误会，甚至误时、误事、误人、误国。误的事情可多了。造成误会的原因不外乎：

一、语言的误会。说者明明不是这个意思，听者一定硬要把它解释成什么意思，就会产生误会。我们经常听到有人解释："我不是这个意思，我不是那个意思！"经过解释能消除误会倒也还好，就怕愈解释愈增加误会。人事的误用，增加猜忌，更加误会；资讯的误听，增加错误的信息，更加误会。有很多的语言，讲者无心，听者有意，甚至明明是好意，对方偏偏听成坏意，这是最伤感情的事。例如，你赞叹他"你很有福气"，对方一听很不高兴，"莫非你觉得我没有智慧"；你说"你歌唱得很好听"，他就想"难道我说话不好听吗"，这种多心就会产生误会。

二、表情的误会。你用眼睛看他一眼，并不是坏意，他说："你为什么看我？"因此给你一拳，捅你一刀。有的人，你看他一眼，他误以为你在跟他眉目传情，对你穷追不舍。一个点头，一个摇手，不能会意，更增误会。你跟我点头示意，你对我含笑示可，你曾经摇手拒绝，你曾经摇手制止，表情的误会真是可怕。当初佛陀在灵山会上拈花示意，迦叶尊者微微一笑，一个表情能如此获得对方的会心、领略，真是难得的美事。杨贵妃“回眸一笑百媚生”，也是表达情意，因为是在爱人面前，不至于产生误会。婆媳妯娌，经常都为了彼此的表错情、会错意而起争执。表情是很难的，表错了情，后果不堪设想。有的人面无表情，也容易遭人误会。例如说“某人一点表情都没有，我不愿意和他来往”，因此也会造成人际关系的阻碍。

三、疑心的误会。误会是从疑心产生的，所谓“疑心生暗鬼”，疑心就会生起种种的猜忌。曹操落难时，投靠吕伯奢，吕伯奢想要杀猪请他，曹操反而疑心这家人磨刀不怀好意，因此先下手杀了他们全家，还说：“宁可我负天下人，不能让天下人负我！”曹操后来患了头风病，华佗要帮他开刀，他疑心华佗要谋害他，因此把一代名医杀了。疑心造成误会的可怕，由此可见。

四、执著的误会。误会能够解释，能够消除还好。有的人一意孤行，你愈解释，他愈执著，你愈说明，他愈反弹，这种误会就让人难以消受了。自以为是的人，容易产生执著；重视己利者，容易误会。历史上，自以为是的帝王误杀、自以为是的法官误判之实例，多不胜举。误会害人大矣，人生不能不消除误会！

·佛光菜根谭·

人常因误会而造成隔阂，
故相处时须彼此谅解、互相包容，
不要轻易误会别人的意思，要让对方有申辩的空间；
不给别人解释的机会，是最残忍的行为。

问号的得失

有一天，国王指着一条河问阿凡提："阿凡提，这条河的水有多少桶？"阿凡提答："如果桶有河那么大，那只有一桶水；如果这个桶有河的一半大，那么就有两桶水……"

摘引自《阿凡提的故事》

有的人说话喜欢用问号，有的人说话喜欢用句号，有的人说话喜欢用惊叹号，有的人说话喜欢用省略号。喜欢用句号讲话的人，凡事总会给你一个交代或答案；喜欢用省略号讲话的人，只要你虚心探究，也总能知道他的内容；用惊叹号讲话的人，喜欢大惊小怪，虚张声势；唯有用问号讲话的人，内容比较复杂。

问号，有时候是表示一种善意的关怀，会有好的结果，但有时候也会产生不良的结局。例如，对人问安时说：你好吗？你吃过饭了吗？你近来如何？这些都是善意的问号。也有的人跟人请示：你对时局的看法如何？你对社会的经济发展有何见解？这些都是中性的，无所谓好坏。最可怕的就是责备的问号：你来这里干什么？怎么到现有还没有做完？为什么花了那么多钱？为什么吃那么多东西？为什么今天迟到了？你今天怎么起得那么迟？用这种口气对人说话，其结果就会有难以逆料的结论。

有时候我们做人，成了一个问号的人物，这就非常麻烦了。例如，人家会问：他靠得住吗？你能信任他吗？他有资格吗？他能担当吗？甚至因为自己过去不良的记录，也会成为别人质疑的问号：他过去不是持反对意见吗？他不是曾经对你有过不满的举动吗？他曾经擅离职守你知道吗？他曾经没有完成任务你记得吗？所以，一个人一旦变成问号人物，就很难令人信赖。

人，要经得起问号，在别人对我们的各种问难之前，我们都能给人正面的满意的答复，这个人在社会团体里就比较能站得住脚了。

做人，也不要经常说些问号的话，肯定总比问号要好得多。有的人想找我们做事，我们马上回答：你自己呢？你为什么不做？人家跟我们借一本书，你可以说我没有，但你偏要问：你为什么不自己去买呢？向你借钱，你可以不借，但不能问：你老是借钱干什么？找你做事，你也可以婉言谢绝不做，但不可以说：你找我做，那你自己做什么？这种问号式的对谈，就很容易伤害彼此的感情。

问话要有艺术，有艺术的问话是尊重别人，是虚心客气，是求人帮助，但不可用责备的口吻、责备的态度。你再好的意思，问话的时候如果含有责备反诘，就没有艺术了。

在《战国策》里，有许多君与君、君与臣、臣与臣之间的问答故事，乃至一些游说舌辩之士，在一问一答之间都蕴涵了无限的智慧，以及人际伦理纲常。所以，我们与人说话，最好学习把对方当成是老师、学者、专家，如此自能从对话问答中得出许多的智能。

· 佛光菜根谭 ·

敢于发问，问出智慧；
善于沟通，谈出共识。

相识满天下

辞君莫怪归山早，为忆松萝对月宫。
台殿不将金锁闭，来时自有白云封。

——唐·大颠

知音（一）

一九一五年，小凤仙结识蔡锷；同年年底袁世凯称帝前夕，小凤仙助蔡锷逃出北京。都中人士赞称她为“侠妓”。蔡锷赠联给小凤仙：“不信美人终薄命，由来侠女出风尘。”蔡锷英年早逝，小凤仙祭挽联：“九万里南天鹏翼，直上扶摇，怜他忧患半生，萍水相逢成一梦；十八载北地胭脂，自悲沦落，赢得英雄知己，桃花颜色亦千秋。”

知音又名“知心”，所谓“人之相交，贵相知心”，人莫不希望有幸结交一个知心的朋友，只是“相识满天下，知音有几人”，知音难寻就成为多数人的感叹。

其实，结交知心，也要看自己是什么心。你是忠孝仁爱的心，当然要找忠孝仁爱的知音；你是一个慈悲喜舍的人士，当然要结交一个慈悲喜舍的知音。

怎样才算是知音呢？试举六点如下：

一、心意相通。知心朋友，彼此不会“人在对面，心隔千里”，而是举心动念都能共通共鸣。例如，对于社会的弱势团体，我想给予一些助力，你说你正有此意，这表示我们心意相通。凡是对社会公益，对群体大众有利的事，我们都有心帮助，都会不约而同去做，所谓心有灵犀一点通，这就是知音。

二、兴趣相投。所谓知音，我乐善好施，你也乐善好施；我喜欢助人，你也喜欢助人；我乐当义工，你也乐当义工。我们彼此信仰一致，我们禅净共修，我们有仁慈之心，我们有道德的追求，这就是最好的知音。

三、理念相应。人都有思想理念，可是思想理念不相应、不共鸣，你有你的想法，我有我的坚持，彼此南辕北辙，这样的两个人要想和平相处也难。所以，知音者，不但理念要相应，而且彼此都能与人为善、从善如流。

四、讲话默契。所谓“诚于中，形于外”，两个人的思想观念既然一致，如果有所言论、有所表达，必然也会默契十足。例如，你在做护生的工作，我不会经营杀生事业；你在从事社会的慈善，我不会贪赃枉法；你讲为国为民的高论，我不会扯你的后腿。彼此有一定的道德观念，有共同的悲心弘愿，才能成为知音。

五、甘苦与共。人与人相处，有的人能同甘，不能共苦，有的人能共苦，不能同甘。甘苦能共，实为难得。有的人共同奋斗，共同创业，到了事业有成的时候，彼此就不能相容了。也有的人在富有当中，大家能共荣，但有一时失意就怨天尤人，彼此不能相互融和。所以，能够甘苦与共，荣辱一致，那就是最好的知音了。

六、生死不易。这一个社会，人在人情在；人不在了，所有的人情都会化为乌有。我们看社会上，一些高官大员，家中遇有婚丧喜庆，人必以亲临为荣；可是一旦他去世了，就再也无人上门了，正是“人情冷暖，世态炎凉”，令人不胜欷歔。如果人和人相交，生前如此，死后也是如此，如“古人相交，情传数代”，如此生死不易之交，这才是真正的知交。

人之交友，得一知音，死而无憾。但要求得真正的知音，必须要心意相通、兴趣相投、理念相应、讲话默契、甘苦与共、生死不易。

· 佛光菜根谭 ·

一念之差分凡圣，
人格高低在己为。

知音（二）

有个年轻人觉得怀才不遇，对社会感到失望，来到大海边，打算结束自己的生命。一个渔夫路经此地，救起了他，并问清原由。渔夫随手在沙滩上捡起一粒沙，然后扔在地上，说："请你把刚才的那粒沙子捡起来。""这根本办不到！"年轻人说。渔夫从口袋里掏出一颗晶莹的珍珠，扔在了地上，说："你能不能把这颗珍珠捡起来呢？""当然可以。""是啊，捡起一颗珍珠是很容易的，因为它太与众不同了。你为什么不想一下，自己现在到底是珍珠还是沙粒？如果你和普通人没有什么区别，你又怎么能苛求别人把你当成是高手呢？"

摘引自《哲理故事》

李陵在《答苏武书》说："人之相知，贵相知心。"

达摩祖师为慧可安心，因为在悟道上相契，彼此"知心"。灵山会上，佛陀拈花，迦叶微笑。佛陀说："吾有正法眼藏，涅槃妙心，实相无相，微妙法门，不立文字，教外别传，付嘱摩诃迦叶。"佛陀把正法传付迦叶，因为他找到了知音。反之，南泉禅师之所以斩猫，是因为找不到知音。

春秋时，伯牙一日在僻静处弹琴，正弹得入神，忽然传来"巍巍乎，志在高山”的赞叹声。伯牙一惊：怎么此人听得出我的琴声之意？即刻改变曲调，远方又传来“洋洋乎，志在流水”的赞叹。伯牙找到此人，名叫钟子期，两人相识论交，成为知音。后来钟子期不幸早逝，伯牙摔琴于钟子期坟上，终生不复鼓琴，以谢知音。

所谓知音难求，有时候即使亲密如夫妻，也不一定能成为知音，乃至貌合神离痛苦不堪者，大有人在。因此愈显知音的重要。

三国时，诸葛亮在城门上弹琴，司马懿想从琴声中听出虚实，到底城中有兵无兵；最后还是被诸葛亮的“空城计”给蒙骗过去，因为司马懿不是诸葛亮的知音。

左宗棠是清朝重臣，因为肥胖，肚子很大，他常常拍着肚子问人：“你们知道我的肚子里装的是什么吗？”有人说：“十万甲兵。”有人说：“满腹经纶。”左宗棠都摇头否决，一个侍卫大声答：“将军肚子里装的是马绊筋（一种牛吃的草）。”左宗棠大乐，认为遇到知音，即刻封了他官职。

宋朝苏东坡也有同样的事迹。他经常敞开衣裳，露出肚皮，问妻妾：“我的肚子里装的是什么？”有人答以“经世文章”，有人说是“诗词歌赋”，有人回曰“报国忠心”，只有侍妾朝云说：“学士肚子里装的都是不合时宜”。苏东坡拊掌大笑，深以为然，将朝云引为知音。

人与人互相成为知音，要经得起考验，不但要相知相惜，而且要生死不弃，苦难不离。就如古来多少的青楼艺妓，看中了心爱的落难书生，给予资助，所谓“慧眼识英雄”，最后书生成功了，相互引为知己。俗云“得一知己，终生无憾”，此之谓也。

· 佛光菜根谭 ·

做事要能知己，若舍寸就尺，不易获得成功；

处世要能知人，若舍长取短，容易导致失败。

在一起

韩国一家工厂实行了一项独特管理制度，让职工轮流当“一日厂长”管理厂务。“一日厂长”和真正的厂长一样，拥有处理公务的权力。当“一日厂长”对职工有批评意见时，要详细记录在工作日记上，并让各部门员工收阅。各部门的主管要依据批评意见随时核改自己的工作。由此，工厂的向心力增强，工厂管理成效显著。

摘引自《故事中的管理学》

每一次，《当我们同在一起》这首歌响起时，总会呈现一种欢乐融洽的气氛，这种温馨的场面让人感动。

“在一起”是很美的事，眼耳鼻舌都长在一起，它们分工合作，各司其职；锅碗瓢盆、桌椅条凳也都经常在一起，它们也是各自展现功用。军人和军人容易在一起，工商界的人容易和工商界的人团聚，学者和教授也容易谈得来。但宗教家和宗教家不能合流。所谓“龙交龙，凤交凤，养个老鼠儿子会打洞”，可见适性者同居，同样性质或同种功用的人就容易同在一起。什么人容易在一起呢？

一、家人容易在一起。过去的社会，三代同堂，五代同居。即使是现代，仍有许多家庭是父母儿女同住在一起，乃至兄弟姊妹住在一起，总是一家人。一家人，总不希望家中有一个人没有地方住，只要自己有一些空间，都欢迎家人住在一起。

二、朋友容易在一起。朋友平时散居在四方，但谈得来的朋友还是会经常相聚。朋友聚会在一起总有许多理由，座谈会、同学会、联谊会等。自古中国就有“在家靠父母，出外靠朋友”之说，一般青少年、青壮年，都会有各自的很多朋友，乃至退休的年老长者也有他们的老友。朋友谈得来是一好，朋友会相互帮助是二好，朋友可以互谈心事，倾诉忧患得失是三好。社会上有许多人得到朋友的资助，但也难免不被朋友拖累、陷害的。一般情况，既是朋友，总容易在一起。

三、同事容易在一起。同在一个单位，工作性质相同，志趣容易相投，工作上也容易有联系，所以同事容易在一起。现在的大企业都倾向集团的模式发展，散居在各地的关系企业，大家同在一个旗帜领导下，互称同事，平时经常开会联谊，当然容易有机会在一起。

四、同乡容易在一起。现代人行走在世界各地，谈交情，先讲究同一个国家，接着同一个民族、同一个地区，尤其同乡。古来把“他乡遇故知”引为人生最大喜事。我们每到一个地方都有很多的同乡会，尤其到了国外，各地区的中国同乡会特别多。中国人很容易认同乡，乃至有“四海之内皆兄弟”的理想。所以，四海之内的中华民族，都是我们的同乡。

五、陌生人容易在一起。陌生人本来不容易在一起，因为各有各的居处，各有各的地盘，各有各的所好。一旦出门在外，搭乘公共汽车时，就是许多陌生人在一起；到市场买菜，也容易和许多陌生人会面；出外旅行，乘飞机、坐轮船，在各个风景区旅游，虽是陌生人，也经常聚集在一起，彼此可以互相问好交友。

不但陌生人容易在一起，冤家对头都容易在一起，所谓“不是冤家不聚头”，佛教也有所谓“怨憎会苦”，这是人生的八苦之一。

如果人生能没有仇敌，人与人之间没有仇恨怨怼，大家在一起就如家人、同事，如亲如友，那该是多么美好的人生呀！

·佛光菜根谭·

秉持共存共荣的理念，
涵养尊敬包容的雅量，
捐弃同归于尽的心态，
建立欢喜融和的人间净土。

沟通的障碍

有天早上，美国汽车销售专家乔吉拉德突然起床，穿西装打领带，打扮得整整齐齐，因为他之前约好了打电话给客户。谈完事情，他把电话放下，把西装脱掉，把领带解开，又回床上睡觉去了。太太看了，说："你这是干什么？为了打一通电话，穿西装打领带，全副武装的？"乔吉拉德说："当我穿得这么庄重时，我内心对客户就非常尊重，他一定可以在电话中感受到我对他的恭敬心。这会影响客户跟我之间的关系。"

摘引自《怎样销售你自己》

沟通是现代人重要的功课。国与国要沟通，人与人要沟通，不同行业的人彼此要沟通，同行同业的人也都需要沟通。

同为航空业者，如果彼此不沟通，航线怎么能统一，标志信号怎么能一致，岂不导致航班大乱或群机乱舞？同是生产家电用品，如果不沟通，使用的电压大小、插座形状不一，会造成消费者的困扰。例如日本的手机通信和世界不能沟通，多有不便；欧美的汽车驾驶座靠左靠右不能统一，也是让人时左时右，多有不便。

沟通并不是一件容易的事。造成沟通困难的原因有：

一、预设立场。沟通不是单方面的事，沟通是要达成双方的共识，要兼顾双方的意见和立场。如果有某一方预设完全不可改变，一味执著，对别人的意见不尊重，这就逼得各走极端，也就不能沟通了。

二、发号施令。沟通时，双方都应该虚心听听对方的意见，不能以老大态势向对方发号施令，否则只会造成僵局。沟通时双方要对等，要互相尊重，不能发号施令，不能强要对方接受，否则就不名为沟通了。

三、各说各话。沟通时各说各话，彼此只是一再申论自己的意见主张，不听对方的解释说明；一场会议，一件协约，如果听不到对方或多数人的意见，也是难以沟通。

四、恐吓威胁。沟通时，没有站在对方的利益着想，没有体谅别人的立场，一心只想到自己的需要，甚至为了维护自己的利益语带威胁恐吓。对方感觉面对强势胁迫时也会“宁可玉碎，不为瓦全”，不因被你威吓而妥协。所以，真正的沟通要皆大欢喜，要利益平均；完全不替别人的尊严着想，势难沟通。

五、不当理由。沟通时不但要有理由，而且要能让对方认同。有的父母一定要儿女和某人成亲，但年轻人彼此互不了解，没有爱情的基础；父母只说“我是为你设想”，你为他设想的理由，他不能接受，如此怎能沟通？有的父母一定要儿女就读某某科系，怎奈儿女志不在此，另有兴趣，你一再强调“我是为你的前途事业着想”；你为他好，可是他觉得兴趣比前途事业来得更为重要。所以，理由不当也会让沟通受阻。

六、牵涉太广。沟通时，假如一件事情牵涉层面太广，也会难以沟通。例如一件新产品要上市营销，彼此沟通，决定某月某日同时上市，但还有第三家、第四家并未参与沟通，你的决定他不认同，就会产生问题。你要召开会议，定期在某月某日，但是某人当天另有要事，不方便出席，因此不肯同意你所定的日期。牵涉的人多，当中只要有一个人不配合，就不能沟通了。

沟通是现代人经营人际关系一门很重要的功课，沟通属于谈判学，也是一门学问。只有自己而不尊重别人，只有偏见而不能融和大众的意见，只有傲慢偏执而没有圆融的互尊，都会让沟通难以达成。

·佛光菜根谭·

尊重，是与人为善，给人利益；
沟通，是从善如流，体解人意。

人生的阻碍

一个老人临终前交给两个儿子每人一锭黄金，老大于是尽情欢乐，老二继续努力工作。老大讥讽老二："你真傻，有钱还这样傻干！"后来他们也都老了，老大生活拮据，老二生活幸福。老大求老二："爸爸不是也给你留下一锭黄金吗，拿出来资助我一下吧？"老二这才想起了父亲临终的遗物，去床下取出那锭黄金。仔细看时，才发现那并不是黄金，而是黄铜，上面还有一行字："我一生只攒下一锭黄金，你比较勤劳，所以我留给你的是黄铜。"

摘引自《故事中的管理学》

水沟被堵塞了，流水不通，就是阻碍；马路封闭，必定会用栅栏阻挡，不让你通行。有些房屋销售期间有了财务纠纷，就会阻碍正常的买卖；人事调动本是好事，但有力人士介入，让你难以升迁，那也是阻碍。

阻碍难行对当事人来说是很大的损失。因为经济困难，阻碍婚姻；学历不足，阻碍就业；人缘不好，阻碍社会关系的建立；信用不够，难以向银行贷款，阻碍事业的开创。这都是人生的阻碍。

遇到阻碍，进也不得，退也不能，情境难堪。人生会有些什么阻碍呢？

一、因循守旧阻碍人事的发展。吾人的思想应该与时俱进，才能适合时代的发展，才能打开自己上进的通路。如果一味墨守成规，因循守旧，思想的通道遇到了阻碍，赶不上时代的进步，如此想要事情顺利发展，实在困难。王安石倡导新法，可是遭遇到守旧派的司马光和皇太后的杯葛，不久便夭折。

二、比较计较阻碍人际的和谐。良好人际在于和气、和谐、和好，切忌比较、计较。可是人性在利益上就是欢喜比较，在多少上就是欢喜计较；人际一经比较就有不平，一经计较就有好坏。比较、计较是人际的大敌，这种敌对的力量不除，人际就不能融洽。

三、孤傲自满阻碍人情的往来。人不会故意搬石头来砸自己的脚，因为双脚受伤就不能前行了。孤傲自满的人就如自己搬来石块阻碍自己的前途。你孤傲，人家可以不睬你；你自满，别人也不会尊敬你。实在说，孤傲自满是人情上最大的石头，横挡在彼此之间，让情谊不能沟通、人缘不能交流，实在是伤害至大。

四、猜忌多疑阻碍对人的信任。人的性格有一个最大的毛病，就是猜忌多疑，凡事不朝好处想，总觉得别人障碍了自己，对自己怀有敌意。猜忌多疑，阻碍了对人的信任，破坏了好事的成就。古代一些尽忠职守的大臣，如果遭到皇帝猜疑，必使国家受损。情投意合的夫妻，如果一方性格多疑，想要白首到老，实在很难。无论家人、朋友、社会大众，彼此都能不猜忌而信任，以理性处事，以智慧辨别，让人际建立信任，则任何事情都好办。

· 佛光菜根谭 ·

猜忌，使我们远离信任的目光；
怀疑，使我们错过幸福的召唤；
嫉妒，使我们模糊朋友的面貌；
妄想，使我们失去现世的拥有。

待 人

宋国有个卖酒的，将店堂打扫得干净，将酒壶、酒坛等盛酒器皿收拾好，在门外高挂长长的酒幌，上书“天下第一酒”。看上去的确像个会做生意的人，可他家的酒却少有人问津，一坛坛的酒变质了，十分可惜。老板百思不得其解，邻居告诉他："是你家养的狗太凶了！我们都亲眼看到过，有人高高兴兴地提着酒壶准备到你家买酒，还没等走到店门口，你家的狗就跳将出来狂吠不止，要扑上去撕咬人家，还有谁敢到你家买酒啊？"

摘引自《一百个有意义的小故事》

世界是由很多人结合的大团体，人在世间不能离群索居，必须仰赖各种因缘条件的助成才能生存。人既不能离开群众，就不能不学习与人相处的艺术，乃至不能不讲究待人的诚意。关于待人之道，略述如下：

一、待人要给人时空。一个人的成长，要给他时间；一件事业的成功，也要给他期限。给人多少时间让他发挥，给人多少资金让他运用，巧妇难为无米之炊，所以对待家人、幕僚要宽厚，要给他时间、空间，让他在时空里能够从容发展。

二、待人要给人平台。演艺人员所以成名，因为有舞台；服装界的模特儿，也要靠伸展台走秀。这个人能管理公司，给他一家公司当舞台；这个人能负责一间工厂，给他一间工厂的舞台；这个人对烹饪有专长，厨房就是他的舞台；这个人能在体能上发展潜力，运动场就是他的舞台。电视台的新闻，造就了多少杰出的记者，因为他们有了平台；各种竞赛，都是为了成就一些优秀人士所设立的平台。社会上多少有为的青年，他们都需要已有成就的前辈给他们舞台发挥，这就是对他们最好的提拔。

三、待人要给人因缘。我们能在社会上生存，是因为很多人给我们因缘，例如父母生养我们，老师教导我们，社会成就我们；我们接受了各种因缘，同样的也要给朋友乃至任何人一些好因好缘。一句好话，可能就是一个因缘；一个推荐，必定是一个好的因缘。把一些好因好缘给人，自己并不缺少什么，却能让别人成长，也是培养自己的因缘。

四、待人要给人信赖。待人其实没有什么特别的技巧，重要的是待人要诚实，要守信用，要关心别人，要让人能信赖。人无信不立，我们在社会上可以没有学问，没有能力，但是不能没有让人信赖的人格。信赖，不是嘴上说的，信赖要一件一件，累积多少事实，让人打从心里信服你，觉得你有安全感，那才是信赖。

五、待人要给人坦诚。待人不可以用心机，要坦诚以对。人我之间，凡事讲清楚，就不会有误会，就不会有嫌隙，就不会有记恨，彼此友谊必能增进。好朋友间不可以奸诈，不可以隐瞒，让对方受到伤害，或是自己意气用事，都不是交友之道。朋友对的，我们要赞美他，鼓励他；朋友错的，我们要劝谏他，纠正他。假如有朋友听不进谏言，宁可以绝交，也不要造成某一方的伤害。绝交以后可以复交，而造成伤害难以弥补。

六、待人要给人实惠。人我之间，光是虚与委蛇、给予应付，让朋友感觉不到你的真诚实意，得不到一点实惠帮助。如果不需要的，当然不会计较；当对方潦倒艰苦时，你没有实际的帮助，怎么能算是交情深厚的朋友呢？我们给人，表示我们富有；他接受我们的实惠，表示他暂时贫穷。朋友有通财之好，尤其是苦难时更应该伸出援手，给予实际的帮助，这才是待人之道。

· 佛光菜根谭 ·

觉人之伪，不形于色；吃人之亏，不动于口；
施人之恩，不发于言；受人之惠，不忘于心。

处众的窍门（一）

族长责问爱传闲话的女人："你为什么无中生有，就爱议论人呢？"女人答："我并没有杜撰啊！我只是把事实稍微修饰一下，使它有声有色……或许我真的多嘴了，怎么能改呢？"族长于是拿来一个大袋子："你在回家路上将里面的东西放在路边，到家，你再掉过头，把东西收齐。"袋子里装的是一堆羽毛，女人一边走一边把羽毛摆在路边，当走到家袋子刚好空了。然后她又提着袋子，一边捡一边回广场。可是，风吹散了羽毛，所剩寥寥无几。族长因此说："所有的马路新闻就像是袋子里的羽毛，一旦从嘴里溜出去，就永无收回的希望。"

摘引自《塔木德智慧全书》

人在世间，不可能不和人接触，接触就要讲究相处之道。懂得相处之道，人和人在一起，就会有欢喜，就会有赞美，就会交谊，就会成为朋友。相处之道很多，略举如下：

一、多吃亏。做人，学习吃亏是很大的修养，也会获得很大的利益。懂得吃亏就是讨便宜，懂得吃亏就是增长自己的福德因缘。如憨山大师说："吃些亏处本无害，让他三分又何妨。"

二、多发心。所谓多发心，就是多勤劳，多为人服务，多做一点别人不愿做的好事。像现在的"爱心妈妈"乃至道场的义工，不就是主动发心奉献吗？发心就是开发自己的心地，山坡地开垦了，可以种植水果，荒废的土地开发了，可以建大楼。当然，发心也有发增上心、出离心、菩提心之别，其意义就更多更广了。

三、多请教。和人相处，资讯要分享，好事要告知他人；凡事多报告，多请教，必有利益。但不能老是出些难题，否则就不是请教，而是找人麻烦，会适得其反，让人讨厌。

四、多主动。和人相处，不要凡事都要人家来找我才肯跟人讲话，凡事要人再三拜托才肯帮忙。所谓菩萨发心，要做"不请之友"，多主动跟人问好问安，多主动跟人微笑行礼，多主动跟人表示友谊善意。主动的人生，表示你的动力很充足；被动的人生，就是能量不足，需要靠外力来帮忙才有动能。

五、多赞美。每个人都喜欢别人赞美、奉承；适当的赞美可以给人欢喜，不要吝于布施。赞美别人比宣扬自己更有好处。

六、多随喜。现在常常开会，会中有提案人，也有附议人，只要是好事，吾人应该给予随喜赞助。随喜多了，表示结缘广，有朝一日需要别人的帮忙，别人也会念在往日之情，给予回报。

七、多给予。做人之道，要学习给人。在欧美社会，给小费是很普遍的事，佛教也提倡小小布施。给的人生表示富有，表示尊严，今日一个不经意的给予，他日别人可能给你意想不到的回报。不过，给人不要着相，所谓“有心栽花花不发，无心插柳柳成荫”，无求反而得到更多。

八、多知趣。和人约会一定要遵守时间。和人相谈切忌啰唆，让人讨厌，要在适当时间应时而退。《普门品》中说“应以何身得度者，即现何身而为说法”，要识趣，知道对方什么爱好，对什么谈话感兴趣。你能知趣，则从人我相处之道当中就能讨到很多的便宜。

人我相处之道是一门很深的学问，也是一种艺术，当中有很多的转弯抹角，有很多的巧妙之处，聪明的人都能心领神会，自然在人我相处之间就不至于吃暗亏。

· 佛光菜根谭 ·

“容”人不是处，自无纷争；“忍”己难过处，自无怨言。

自己的好处，要掩藏几分；别人的短处，要掩盖几分。

处众的窍门（二）

晋国乐师师旷天生目盲，却对音律有极特殊的敏感，除了善于弹琴，还能辨音知吉凶，史称“乐圣”。一次，晋平公让人制了一张特殊的琴，琴上没有大弦和小弦的差别，长短粗细都一样。

他请师旷来试弹。师旷试了半天，弹不出优美的旋律。晋平公问："你不是对琴律很有办法吗？为什么无法成调？"师旷说："一张琴中，大小琴弦各有不同作用，大弦为主，小弦为辅，大小弦相配合，才能弹出和谐美妙的乐曲。这张琴所有的琴弦相同规格，已失去它成为琴的最基本要素了，我哪能弹奏成调呢？"

摘引自《春秋故事》

世间的万事万物，只要有两个以上，就不会有绝对相同的内容。一个母亲生养的儿女，各有不同的性格；中国有十几亿的人口，就有十几亿不同的心。江海溪流，同样是水，但水质各有不同；山岳丘陵，同样是山，但没有绝对相同的两座山。十个手指，伸出来有长短不同；两只眼睛，也有大小的分别；满口的牙齿，也不会全部相同。有人称同志、同学、同乡、同宗，实际上在相同里面仍有许多的差异。

既然世界上有这么多的差异不同，我们如何来与很多的不同相处呢？只有尊重不同，包容不同。分工合作，合作分工，这是不易的道理。同样是军人，要分陆海空各兵种；同样是文学，要分散文、诗歌、小说；同样是哲学，也有东西古今学派的不同。世间同的太少，异的太多，只有在异中求同、同中存异，才是处世之道，这也是宇宙人生对我们最大的要求。

梁启超说"今日之我，不惜与昨日之我宣战"，可见昨日的我与今日的我就已经不同了。昔日恩爱的情侣，今日可能反目成仇。人都不欢喜与自己不同的存在，所谓"顺我者生，逆我者亡"，要把不同的差异的都排除。可是世间的万万千千，哪里能排除净尽呢？既然不能完全彻底排除，那么最好还是大家相互尊重、相互包容。尊重异己，就是最合乎天心了！

桃李不一体，但桃李可以互相接枝；男女都不一样，但常说你中有我、我中有你；彩虹的颜色有多种，就因为互不排斥，故能显现出它的美丽。

眼睛看不到墙那边的人和事，可是通过耳朵帮忙，可以听到声音；

脚抬不起来的东西，伸手一提就拿起。干旱了，希望下雨；雨水太多了，希望阳光。水能载舟，也能覆舟；火能蒸发水分，水也能熄灭火焰。世间所有相生相克，乃至于人，只要有两个人就会有纷争，可见世间万事万物哪里能完全统一呢？你我虽有不同，但我尊重你，你尊重我，大家相互尊重，就能共同存在了！

· 佛光菜根谭 ·

希望别人了解自己，自己要能先让别人了解；
希望别人尊重自己，自己先要懂得尊重别人。

话　题

秦国与赵国订约：从今以后，秦国想做的事，赵国要帮助秦国；赵国想做的事，秦国要帮助赵国。不久，秦国发兵攻打魏国，赵国准备援助魏国。秦王不高兴，派人责备赵国："秦国要攻打魏国，赵国却想援救它，这不符合盟约。"赵王问平原君怎么答，平原君问公孙龙。公孙龙说："赵国也可以责备秦国：赵国想要援救魏国，秦国却偏偏不帮助赵国，这也不符合盟约。"

摘引自《战国故事》

现代人做事，经验老到的都知道要出师正当，要把话题订得冠冕堂皇；如果师出无门，话题名目不正，不能获得其他参与者的共鸣，再多的理想计划都是闲话一场。

我们说话要能引人重视，至少不至于成为笑柄，就要注意话题的内容，例如：

一、模糊的话题明说。与人讲话，有的话题空洞没有内容，我要就事实铺陈；有的话题含糊不清，我要直接明说，才能让人了解。在佛教，讲经说法的人一开始都要破题，把题目讲清楚讲明白，接下来要讲的内容就不为难了。开宗明义，把话题说明白，是第一要件。

二、无聊的话题少说。我们平常讲话要有内容有意义，没有意义的话题还是少说为好。现代人讲话不能像过去哄小孩一样“过去有个老公公，住在深山里……”不管胡诌一些什么，小孩都听得津津有味。现代人听话水平提升，不能尽讲一些无聊的废话；风花雪月的话、言不及义的话、颠三倒四的话、空洞无物的话，都是废话。讲话尤其不能像“白头宫女话当年”，更不能像老年人一开口就是过去参加什么团体、参与什么社会运动……真是一部二十四史，说来说去都是陈年往事，这种无聊的话题还是少说比较好。

三、是非的话题别说。有些话牵扯到人我是非，说出来就会有纠纷，会带来人事的纷争不和，这种话最好别说。过去串门子的人，一天到晚张家长李家短，乃至人家闺房里的生活，他都能如同亲眼目睹一般，口沫横飞到处散播。这种长舌人都会被批评为是非人。我们不要成为是非的制造者，是非的话别说。

四、幽默的话题多说。幽默的话无伤大雅，让人听了哈哈一笑，这种话不妨多说。有幽默性格的人，可能随缘应机说些有教育有启示意味的话，或许有时会让当事人有些尴尬，但不会太难堪，因为他懂得点到为止、谐而不谑，让人听了心领神会就好。

五、争议的话题不说。朋友聚会闲谈时难免触及一些争议性的社会问题，为避免各执己见造成不快，最好不说。当然也不是不能说，只是最好能在适当的时间、适当的场合，用会议来解决比较适合。

六、公众的话题直说。有些话题不是个人的，而是关乎社会大众，例如环保、生态保护、公共秩序的建立、社会风气的改善等，这得需要有心人士共同关心，所以不妨直说，让社会大众了解。

· 佛光菜根谭 ·

讲话不要做“乌鸦嘴”，要做“喜鹊报喜”；
待人不要做“相扑鸡”，要做“凤凰来仪”；
处世不要做“木头人”，要做“微笑弥勒”。

君子与小人

牛缺是个声望很高的饱学之士。一次，他去拜见赵国国君，路遇一伙强盗。强盗抢走了他的牛车及随身衣物，他只好步行。强盗看到他对被劫之事并不在意，脸上连半点忧愁和吝惜的表情都没有，不免生疑，便追上去问个究竟。牛缺坦然答道：“一个有德行的人，不应因丢失一点供养自己的财物而与人争斗，那样会危害自身的安全啊。”强盗们听后，同声称赞：“这真是一个贤德之人啊！”他们望着牛缺渐走渐远的背影，又忍不住商议：“如此贤德之人去拜见赵国国君，必会受到重用，他若在国君面前告发，我们一定大难临头，不如先下手为强。”于是，强盗再一次追上牛缺，把他杀了。

摘引自《中国古代寓言》

世间有两种人，一种称为君子，一种称为小人。君子叫“好人”，小人叫“坏人”。每个人都不愿意做小人，要做君子，但做君子有做君子的条件。

君子与小人最大的差别，在他们的言行用心之间。以下试探其源：

一、君子成人之美，小人助人为恶。别人有所长，君子不但不嫉妒，反而助其长；别人做好事，君子不但不为难他，反而助成他。反之，小人讨厌别人为善，你为善，他远离；你为恶，他来奉承。所以小人最大的缺点就是助人为恶。

二、君子从不害人，小人从不责己。君子之用心，总想我不能帮你助你，但我不会害你。君子时时觉得自己不是，总觉得对不起别人；小人则从不会认为自己有所不对，反而怨天尤人，怪你怪他。小人与君子之差别，在于君子以责人之心责己、以恕己之心恕人；小人则经常恕己，但从不责己。

三、君子凡事坦荡，小人凡事隐藏。你是不是一个君子？你说话就怕人家不知。你是不是一个小人？你说话唯恐人家知道。儒家称君子“其心坦荡”，小人之心则“长戚戚”。所谓君子，在与人相处喜欢隐恶扬善；凡是小人，揭人隐私，尤其爱道人之短，唯恐天下不乱。

四、君子知耻改过，小人无惭傲慢。所谓君子，时时怀着惭耻之心，唯恐对不起国家社会；如系小人，不知惭愧，心存傲慢，只觉天下人都对不起他，对他不够赞美崇拜。

五、君子诚而有信，小人伪而不真。君子最重视的就是诚信，任何牺牲损失都在所不惜，但不能损其诚信，因为他以诚信为生命。小人则虚伪应付，没有真实的语言、行为、心灵，能欺则欺，能骗则骗，只想要弄花样，缺乏诚信。

六、君子雪中送炭，小人落井下石。社会上多少善良之人，一听到哪里有灾难，无不争先恐后地施舍与帮助，这并不表示他很有钱，他只是在尽做人应尽的一点心意；小人不但不如此想，还会对你落井下石，对于别人的苦难他视而不见。所谓“拔一毛以利天下，不为也”，正是小人的写照。

七、君子推己及人，小人自私自利。君子吃饭的时候，总想“别人都有饭吃吗”，穿衣的时候也想“别人都有衣穿吗”，君子把自己和大家融和在一起。小人则把自己的富乐与大众切割，他的心中只有自己。小人最为人厌恶的就是他的自私自利，最为丑陋。

八、君子乐天知命，小人怨天尤人。君子对有无得失不是那么看重，所以凡事乐天知命；小人则是“受利则善，受损则怨”，大部分小人的生活，每天都是在怨天尤人当中度过。

由上综合看来，可知君子在欢喜平静中生活，小人在烦恼怨恨中维生。吾人是要做君子，还是要做小人，一切皆看自己。

· 佛光菜根谭 ·

世风日下正是吾人向上之阶，
世路风霜正是吾人练心之境，
世情冷暖正是吾人忍性之德，
世事颠倒正是吾人修行之资。

情感表达

南北战争初期北军连连失利，林肯极度烦恼。这天，一个团长向总统恳求准假，因为他妻子生命垂危。林肯厉声斥责："你不知道现在是什么时期吗？战争！苦难和死亡压迫着我们，家庭的感情在和平的时候会使人快活，但现在它没有任何余地了！"团长失望而归。翌日天还没亮，林肯找到团长："我昨夜太粗鲁了。对那些献身国家、特别是有困难的人，我不应该这样做。我一夜懊悔，不能入睡，现在请你原谅。"林肯替他向陆军部请了假，并亲自送他到码头。

摘引自《林肯轶事》

人是感情的动物，一切生活起居都在表达感情，且受情感左右。人有时用喜怒哀乐表达感情，有时用悲欢离合表达感情，有时在是非得失中表达感情，有时在生死存亡中处理感情。

感情没有理智来领导，就如作茧自缚，这是错误表达感情。

人不应该用眼泪来表达感情，不应该用吼声来表达感情，不应该用愤怒来表达感情，更不应该用嫉妒来表达感情。难道生气、不吃饭、心情不好、不讲话，就能够帮助自己解决问题吗？感情到了情绪化的时候，不但是别人不欢喜，自己也不好受。要如何将自己的感情表达得宜呢？有六法贡献大家：

一、要坦诚。感情表达的方法要讲清楚说明白，自己的情感真诚，就能获得别人的谅解。

二、要净化。感情是染污性的，人心的自私、烦恼、怨恨、妒忌都是由感情所引发出来的，假如能有净化的感情、升华的感情，以智慧来引导感情，让感情不受污染，生活就会不被情绪所左右了。

三、要理性。感情是一个盲者，只知一相情愿地往前迈进，而让自己跌进火坑中，还不知道自己错在那里。所以要以理性来驾驭感情，理性就如眼睛，感情的脚步要由理性的眼睛来导引才能安全。

四、要看开。感情，如眼睛里容不下一粒沙子，所以感情的世界是非常狭窄的。世间的正义公理常被感情所蒙蔽，人们常常看不到世间的美好。所以要将感情的窗子打开，看看多彩多姿的人间，如果自己钻牛角尖，自我限定框框，就是自找麻烦。世界如此广阔，为何要只为某一事某一人而烦恼呢？

五、要乐观。感情的生活里大部分都是自怨自艾、自我悲叹的，也有少数者有乐观的生活。既然感情是有欢喜和伤感的成分，我们为什么不选择欢喜呢？欢喜才是美好的人生，才是有意义的生活，每天愁云惨雾的日子怎么好过呢？我们要能把乐观欢喜带给别人，不要把烦恼悲伤传染给别人，如此才会有快乐的感情生活。

六、要开发。感情就如土地，要开发了才能培植苗种。我们对父母的感情，要开发了才会孝顺；对儿女的感情，要开发了才能发挥父爱母慈；对朋友的感情，要开发了才懂得奉献；对国家的感情，要开发了才能尽忠。

感情不要只爱一个，要爱天下的苍生。如佛陀所说，爱每一个人如爱自己的父母，这才是感情表达的最高境界与升华。

· 佛光菜根谭 ·

恸失亲人者，鼓励他走向社会，关怀众生；
事业失败者，勉励他重新定位，建立自信；
感情失落者，安慰他以慈作情，以智化情；
家庭失和者，劝告他以爱得爱，圆满自在。

自爱与爱人

雨过云凝晓半开，数峰如画碧崔嵬。
空生不解岩中坐，惹得天花动地来。
——宋·雪窦重显

自我激励

美国拳王阿里在《再战一回合》中写道："再战一回合！当你双脚站立不稳，马上就要跌倒的时候，再战一回合！当你精疲力竭，无法抬起双臂防御对手的进攻时，再战一回合！有时，你被打得鼻青脸肿，无力再战，甚至你希望对手干脆猛击一拳将你打昏过去时，此时此刻，再战一回合！记住，一个常常'再战一回合'的人是不会被打垮的。"

摘引自《哲理故事》

苏秦、孙敬读书"刺股悬梁"，曾子一日"三省吾身"，祖逖每日"闻鸡起舞"，匡衡夜读"凿壁偷光"。在人生的过程里，每个人都要有一些自我激励，所以一个人要规定自己：

一、每天说一些欢喜的话，激励自己不要悲伤；

二、每天做一些利人的事，激励自己融入群众；

三、每天读一些益智的书，激励自己增长智慧；

四、每天审视圣者的慈像，激励自己增加善美。

做人要自己力争上游，如果不会自我激励，只靠别人的帮助，力量实在是微乎其微。所以，一个人每天在激励自己的时刻，可以“觉今是而昨非”，可以效法圣贤而见贤思齐，可以立志奋发向上，可以发愿不达目的誓不休，可以读名人传记与古人为友，可以日行一善与功德为邻，可以广交善知识的人以能受其影响，以此来激励自己的进步。

人生的成长，有时候需要父母的教导、老师的训诫、社会大众的帮助、长官的提携、朋友的勉励；但是最重要的还是要靠自己。就如自己的身体，血管里的血液是自己的，是自发的营养，对增进健康有最大的功效与帮助；如果打针、注射营养剂，总是外来的，利益终究有限。

如何自我激励？有的人在自己的办公桌上随时写上一些座右铭。佛门弟子晚课时都要唱诵《普贤警众偈》，那是最大的自我警惕与激励。

人生的旅途就像跑马拉松，一路上虽然有人为我们喝彩、鼓掌、加油，但都只是助缘，真正的力量还是要靠自我勇敢向前。

· 佛光菜根谭 ·

自学，是成功的动力；

自律，是成功的条件；

自信，是成功的方法；

自尊，是成功的要素。

喘一口气

城郊寺庙里来了一中年妇人，她近来总失眠，做什么事都没有激情，很想了却尘缘，遁入佛门……方丈是个懂医术的，切完脉，观完舌苔，微微一笑："施主心中有太多的苦恼事，体有虚火，并无大碍。"妇人便把心事向方丈说明。方丈很随意跟她聊着，铺纸展墨，边问边写，左边写苦恼事，右边写快乐事，然后把写满字的纸放到妇人面前："你把苦恼事看得太重了，忽视了身边的快乐。"方丈让人取来一盆水和一只苦胆，将胆汁滴入水盆，胆汁在水中淡开，很快就不见了。方丈说："胆汁入水，味则变淡。人生何不如此？不是您承受了太多的苦痛，而是您不善用快乐之水冲淡苦味啊！"

摘引自《哲理故事》

工作一段时间后，需要休息一下；运动员长跑，途中希望停下来喝水。在中国，劳工有"抽烟时间"，美国有"咖啡时间"，主要都是为了让大家喘一口气。

机器运转一段时间后，需要关机，让机器休息一下，何况是人？如何才能喘一口气呢？

一、子女愿意承担家务，让母亲喘一口气。有个家庭，爸爸每天上班八小时，儿女每天上学也不少于八小时，大家都觉得很累很辛苦，心想：妈妈在家不用上班，最轻松。一日，妈妈回娘家，把家务留给父亲、子女分担。身为一家之主的父亲开始分配工作：大女儿择菜、洗菜、洗碗、整理厨房，小儿子打扫庭院、为花草浇水、喂食猫狗、清洗鸟笼等。早上起来，爸爸忙了两小时总算把早餐准备好。接着又是午餐，又是晚餐，一天下来，直说累得腰都直不起来。大女儿择菜、洗菜，整理厨房，也大喊好累。小儿子扫地浇花，一天下来也说实在吃不消。爸爸、女儿、儿子这才发现，原来妈妈平日一个人要做这么多家事！从此以后，大家都主动分担家事，让妈妈喘一口气。

二、师长适量减少作业，让学生喘一口气。学校里，语文老师要学生背诸葛亮的《出师表》；数学老师要学生把数学习题做完，明日交卷；地理老师要学生画好一张全国山脉分布图；体育老师交代，为了下个月的校际比赛，放学后全班同学到操场练球。可怜的学生开夜车，加快步伐，也难以应付繁忙课业。只有老师减少作业，才能让学生喘一口气。

三、政客停止口水争执，让社会喘一口气。每天早上打开报纸，全版都是吵吵闹闹的社会新闻；等到中午打开电视机，多少血腥暴力的新闻，这里是开会吵架扭成一团，那里是竞选口水纠纷不断。每日自己工作已经很忙累，媒体报道的这些纷纭扰攘的社会新闻只会让人更加心浮气躁。不知能否不要再吵闹，让大家心平气和地共处，让社会大众都能喘一口气?

四、民众做好垃圾分类，让地球喘一口气。现在社会进步，物质丰富，使得垃圾量大幅增加。垃圾没有做好妥善处理，任意弃置原野山林，结果满坑满谷的垃圾污染了水源，破坏了清新空气，导致天不再蓝、云不再白、水不再绿、山不再青，大自然的青山绿水被破坏了。随手做好垃圾分类，可能的话，请尽量减少制造垃圾，或是把垃圾变资源，回收利用。唯有人们都重视环保，才能让地球喘一口气。

· 佛光菜根谭 ·

节省可以医贫，满足可以医贪，
恬淡可以医躁，宽厚可以医嗔，
随缘可以医执，读书可以医俗，
正念可以医心，慧解可以医邪。

应　答

齐景公宴请大臣，酒后余兴未尽，提出射箭比武。轮到齐景公，他一支箭也没中靶，然而大臣们却在那里大声喝彩：“好箭！好箭！”景公听了，把弓箭重重摔在地上，伤感地对弦章说：“我真是想念晏子啊。他死了已经一七年了，从那以后，再也没有人愿意当面指出我的过失！”弦章答道：“这就是大臣们的不贤啊！论智慧，他们不能发现您的过失；论勇气，他们不敢向您提意见。不过，话又说回来了，上行下效，不是吗？国君喜欢什么，臣子就学着用什么。十七年来没人再指出过您的过失，这是否是晏子去世后，您就不再喜欢听人家批评您，而只喜欢听奉承话造成的呢？”

摘引自《春秋故事》

记得六七十年前中国的私塾，入学读书的稚龄儿童最初都先要学习“应对”，以便将来跟人谈话时能应答得体。在我的记忆里，先生说“天”，我们要对“地”；先生说“手”，我们要对“足”；先生说“山”，我们要对“水”；先生说“牛”，我们要对“羊”。如此学习久了，说话应对如仪，还能写对联。

自古以来，中国文人喜欢吟诗作对，因此有不少巧联妙对传世。在佛光山的大雄宝殿，曾有湖南才子张剑芬以殿内的三宝佛为题写下一副对联：“兜率娑婆，去来不动金刚座”，这是说中间的释迦牟尼佛；“琉璃安养，左右同尊大法王”，这是说两旁的药师佛与阿弥陀佛。张先生针对儿孙超度先人，还做了一首感人至深的对联：“永念亲恩，今日有缘今日度；本无地狱，此心能造此心消。”里面蕴含至深的佛法哲理。

现代的学校教育再没有学习“应对”的学科，所以一些现代人的应答真是千奇百怪，兹举数例如下：

一、絮烦太长，答非所问。有的人，你问他一句简单的话“你吃过饭了没有”，他的回答可以从早上起床做了什么运动，继而述说家中的情况，乃至出门前朋友来电、路上塞车等，说了一大堆话，到最后有没有吃饭，忘记了回答。

二、惜言如金，问答过简。有时候一个问题，问者问得简洁，答者要明白论述，让人了解。例如，人问：“昨天晚上睡得好吗？”他要回答：“睡得很好，感谢您准备的棉被很暖和。”但是他只回答：“好！”给人的感觉，好像多讲一个字都不愿意，甚至于回答的话只在口中“嗯哼”一声，语音不清，这就是没有教养，不能有问必答、有答必明，实在可惜。

三、就题回答，附带说明。能够就着问题回答，本来是很好的应答，但有的人就题回答后附带说明作长篇大论，也会让人嫌恶。例如，一般讲演为了台上台下交流，都会让听众提出问题。但有些先生女士，提问题时忘了自己是提问人，一时兴起，反客为主，滔滔不绝地发表高论，这就是不懂得拿捏分寸，不会应答。

四、话匣一开，难以煞车。记得有一年奥运会在伦敦举行，开幕典礼请英国女王主持。事前大家都在猜测女王应该会长篇大论讲说体育的重要。但当时还很年轻的女王，只把右手举起，说了一句：“我宣布奥运会开始。”顿时会场响起如雷的掌声，久久不息。可见讲话如林语堂先生说：“讲演如少女的裙子，愈短愈好，愈有青春气息。”常见一些典礼场合，应邀出席的来宾，因为地位比人崇高，主人礼貌性请他致词，他一上台拿起麦克风，就开始发表演说，没有十分二十分钟不会罢休。其实这种应酬场合，三五句话就足够表达祝贺之意了，为什么不懂得惜言如金呢？

· 佛光菜根谭 ·

以静心对动心，以好心对坏心，
以信心对疑心，以真心对妄心，
以大心对小心，以无心对有心。

老人自爱

赵王派遣使者带着名贵的盔甲和快马到大梁慰问廉颇，看他是否还可用。郭开唯恐廉颇再得势，暗中给使者很多钱，让他说廉颇的坏话。见面后，廉颇在使者面前一顿饭吃了一斗米、十斤肉，又披甲上马，表示自己还可用。使者回来报告赵王："廉老将军饭量还很好，可是和我坐在一起，不多时就拉了三次屎。"赵王就此认为廉颇老了，不堪用了。

摘引自《战国故事》

世间凡是对立的事物都会成为问题，例如男女两性就是社会问题，家庭老小就是家庭问题，乃至贫富有无都会成为人际问题。处理人的问题，除了社会公共福利，自我自觉、自爱是非常重要的。

随着老龄化社会的来临，老人问题接踵而至。例如，独居老人愈来愈多，间接衍生出有关社会医疗服务、家庭子女孝养，乃至亲子代沟等问题。世间问题都需要通过教育来解决，老人的问题也需要老人自觉自爱，才能根本解决。兹提供六点意见如下：

一、自我保健。老人不要以为自己老了病了，有劳保有儿女可以照顾。事实上老人有病了，别人固然麻烦，自我更是辛苦。所以最好是平时自我保健，懂得关心自己、保重自己，不让一些小病经常临身。因为"久病床前无孝子"，不要麻烦别人太多，就不必担忧这个问题产生。

二、自我反省。老人最大的毛病就是喜欢倚老卖老，尤其对年轻人讲话经常用教训口吻，或是不断提起自己的"当年勇"，如此自然不容易获得年轻人的喜爱。若能谦虚地经常自我反省、自我惭愧、自觉不足，反而能获得年轻人的尊重。

三、自我年轻。老年人的身体虽然"岁月不饶人"，但心境上应该永远保持年轻。每天看报纸，免得被时代淘汰；经常参与社团活动，与人群保持互动，不能被群众孤立、被大众排斥。

四、自我结缘。有些老年人见多识广，人情世故经验也多，他主动把智慧经验传承给年轻人，或者加入服务社会的义工行列；因为参与活动多，所结善缘广，一旦自己需要外缘协助时，自然会有很多好因好缘及时出现。

五、自我娱乐。老年人尤其要找出一些自我娱乐，培养一些正当兴趣，快乐有时是从外面而来，有时要靠自我创造。平时找朋友下下象棋或围棋，偶尔参加讲书会，或是自己莳花植草，或是没事时自己散散步，轻声地哼小调，保持心情愉快，更能有益健康。

六、自我储蓄。老年人最怕贫穷，老来贫病交加，这是人生之最苦。假如在年轻时多少有些储蓄，就可免于陷入这样的窘境。钱也不宜储存太多，够用就好，否则不但儿孙觊觎，甚至惹来一些野心人士的不良企图，徒使自己陷入重重危机。

七、自我尊重。老年人要把自己融入大众，不要让人对你敬而远之而不敢亲近。老年人要自我尊重，例如爱干净、不啰唆、不孤僻、不自大，不要动不动就劳烦别人。平时自己读书、明理随众，成为年轻人的父母、师长、朋友，如此必能活得开心自在。

八、自我肯定。人到年老的时候，也可以把年轻时的阅历立传传授后学，或是开班把自己所学的专长跟年轻人结缘。平时爱好书画的，可以再多出一些作品，流传后世。乃至自己写文章，记录一生的经验，这也是老人生活的自我提升、自我肯定。

人都会有老的一天，年轻时就做好养老的准备，如此必能拥有一个高格调的晚年生活。

· 佛光菜根谭 ·

少年要有礼赞生命的感恩，
青年要有自觉信念的价值，
壮年要有活水源头的精进，
老年要有欢喜生活的平静。

女人十长

谢道韫聪慧能辩。一次谢安召集子侄讲论文义，大雪骤下，谢安问："白雪纷纷何所似？"谢朗答："撒盐空中差可拟。"谢道韫说："未若柳絮因风起。"谢安极为高兴。后世称赞能诗善文的女子为"咏絮才"。

摘引自《世说新语》

自古以来，女人一直受到很多不平等的待遇，在一般人的观念里总认为女人不能和男人相比。其实，女人天生的本性里有很多特长都非男人所及，试举数例如下：

一、温柔。一般人常以"柔情似水"来形容女人。由于女人的性格比较温和，所以常能"以柔克刚"，化解一些火暴场面，降伏一些粗鲁无理的人，成就一些难以完成的事。例如佛教第一比丘尼大爱道，曾多次向佛陀请求出家，均遭到僧团比丘反对，然而大爱道始终柔和以对，最后因阿难尊者相助而如愿，佛教因此有了比丘尼僧团。

二、仁慈。女性的仁慈也经常为人所赞叹。明太祖的马皇后从小家贫，为了帮助家务而留了一双天足。明太祖登位后，有一年元宵节微服私访京城灯会，看到一则图文并茂的灯谜，画中有一双天然大足的妇人，怀抱一个大西瓜，眉开眼笑，模样十分滑稽。朱元璋不解其意，回宫后向马皇后提起此事。马皇后讪然一笑，说："妾乃淮西人氏，且为天足，此谜谜底想必就是妾了。"朱元璋一听十分生气，下令拘拿制谜者，马皇后见状，劝解说："佳节吉日，与民同乐，又有何妨？何况妾本是天足，说又何错？不必小题大做，贻笑大方！"由此可见马皇后的仁慈与大度。

三、细腻。女人的心思细腻，似乎也是与生俱来的。佛教的末利夫人，曾为波斯匿王打洗脚水、洗脸水，以及饮用水；由于她细心地依不同需要而取井中表层、中层、底层之不同温度的水，感动了波斯匿王，被册立为妃。

四、爱心。英国护理学先驱南丁格尔，年轻时经常协助父亲的一位医生老友精心护理病人，逐渐对护理工作发生兴趣，加上她的爱心所趋，因此不顾当时一般人对从事护理工作的鄙视，全心投入，成为妇女从事护士职业的创始人。

五、勤俭。勤劳节俭也是过去女人特有的美德。唐太宗李世民的长孙皇后，其令后人所歌颂的懿德，除了深明大义、通情达理、谨守分际，尤其她生性节俭，日常物品都以够用为限，从不奢侈浪费，更为人所称道。

六、耐烦。“孟母三迁”是中国家喻户晓的故事，因为有孟母的耐烦三迁，因此造就了一代亚圣。孟母所展现的不只是女人的耐烦，还有睿智与远见。

七、喜舍。女人普遍有喜舍心，尤其佛教护法不乏发大心布施的善女人。例如，佛世时的毗舍佉，不仅发心供养僧团雨衣等日常用物，甚至捐建讲堂，这就是“鹿母讲堂”的由来。

八、善良。唐朝的文成公主为了汉藏世代和好而远嫁西藏，她的聪慧、善良和柔情，赢得松赞干布和全藏人的爱戴，终于不负和睦邦交之使命。

九、守家。传说王宝钏苦守寒窑十八年，其守家的精神其实是古代妇女普遍具备的美德。

十、惜情。才女蔡文姬饱经战乱，她所谱写的《胡笳十八拍》道尽一生不幸的遭遇，更是充满思乡却又不忍骨肉分离的痛苦之情，其悲情而惜情的心声感人至深。

除了以上所举，举世具备这些美德的女性不胜枚举。有人说：“一个伟大的男人，背后一定有一个伟大的女人。”又说：“世界半边天都是靠女人支撑起来的。”此言诚不虚也。

· 佛光菜根谭 ·

为人媳者，要孝顺翁姑；
为人妻者，要敬事夫婿；
为人母者，要慈爱儿女；
为人姊者，要和睦兄弟。

留 情

越战归来，士兵从旧金山打电话回家：“爸爸妈妈，我回来了。我想带一个朋友同我一起回家。”“好啊！”父母答道。

儿子又说：“有件事我想先告诉你们：他受了重伤，少了一条胳臂和一条腿，现在走投无路，我想让他和我们一起生活。”“儿子，我很遗憾，或许我们可以帮他找个安身之处。”父亲说，“像他这样，会对我们的生活造成很大的负担。我们还有自己的生活，不能这样破坏了。我建议你，先回家然后忘了他，他会找到自己的一片天空的。”

几天后，父母接到了旧金山警局的电话——他们的儿子已经坠楼身亡。他们伤心欲绝，前往认领遗体——他只有一条胳臂和一条腿。

摘引自《震撼心灵的经典故事》

人是有情众生，情有私情，有爱情，有恩情，有人情。情是好是不好，就看用在什么地方。所谓“法非善恶，善恶是法”，拳头打人是有罪，拳头替人捶背就是好事一桩了。

情是由我们的根色所生起，我们如何把善美的情留给世间呢？

一、手中留情。一个小动物，如蚯蚓、蝴蝶，你把它抓在手里，只要稍微爱护它一点，它就能保存性命，如果你稍加用力，它可能就会一命呜呼，这就要看你手中的力道有情没情了。屠夫杀猪宰羊，不要拖泥带水，这也是刀下留情；家庭主妇杀鸡杀鸭，如果手中留情，都会心生怜惜。一双手，能给万物生长，也能让万物死亡。播种灌溉，万物欣欣向荣，这是双手的功劳；破坏施设，也是双手的作为。手能给人生，也能给人死；手能造罪业，也能作功德。我们要发愿：“能将双手常垂下，永做世间慈悲人。”这才是真正的手中留情。

二、眼里留情。一双眼睛，有时充满无限的恨意，有时也会留有无限的情愫。男女眼送秋波是传达情意，长辈关怀后学是仁慈的眼神。儿童看到伟大的人物，心生羡慕；信徒对于崇拜的佛祖，用眼睛瞻仰。眼睛是最能表达情意的工具，假如把不屑的眼神、妒恨的眼光，都能收敛消除，只用一双慧眼、慈眼来观察众生，所谓眼中留情，也是大慈悲。

三、笔下留情。过去形容政府的文书人员为“刀笔吏”，用刀子杀人是有限有数的，拿笔杀人是无形无相无数的。尤其法界的官员，一字要你生，一字要你死，一支笔能判人的生死，所以做人不但要刀下留情，更需要笔下留情。

四、口边留情。语言善恶好坏，你一出口，别人必有感受。口中留情就是口中留德的意思。一句话，如刀如剑，别人不但受伤，必然也会怀恨；一句话，口德芬芳，别人欢喜，你也不会有所损失。口中留些赞美的情意，会皆大欢喜。

五、脚底留情。我们举步行走，脚底和大地接触，地上的一些昆虫，如果我们能够加以爱护，不随便踩踏，让生命不至于死亡，必有阴德。十恶不赦的干达多，有一天走路时，眼看一脚踩下去就会踏死一只蜘蛛，他忽然心生悲悯，放大步伐跨过去，蜘蛛因此死里逃生。就此一念，作恶多端的干达多虽然死后堕入地狱，但还是有机会得到救度。平常我们为人带个路多跑两步，或是替人送个信息多走几步，功德道路就是如此广宽无限。

心中留情，心存慈悲，很是重要！

·佛光菜根谭·

智慧，是人生的透视，是微妙的颖悟，是经历的结晶；
慈悲，是世间的至情，是善美的关怀，是立场的互易。
智慧与慈悲，乃人间至宝也。

分 手

陆游二十岁时与表妹唐婉结婚，夫妻感情甚笃，可是其母不喜欢唐婉，硬逼他们夫妻离散，唐婉改嫁赵士程，陆游亦另娶王氏为妻。绍兴二十五年，陆游游经沈园时，偶遇唐婉夫妇。陆游在墙上写了首《钗头凤》词以寄深情，感慨“春如旧，人空瘦。泪痕红浥鲛绡透。桃花落，闲池阁。山盟虽在，锦书难托”。唐婉读后悲痛欲绝，又和了一首《钗头凤》，不久便去世了。

摘引自《陆游传》

男女之间正当交往，经过一段时间的相互了解，彼此情投意合，两情相悦，顺理成章结为夫妻，所谓“天下有情人皆成眷属”，这是值得祝福的美事。只是现在的社会，男女牵手愈来愈普遍，男女分手也愈来愈平常。有的男女，交往一段时间后，双方感觉互不适合，于是好聚好散；也有的男女，其中一方想要分手，另一方不愿放手，结果分手变得千难万难。分手的原因很多，分手的方式千奇百样，兹略说如下：

一、藕断丝连。时代进步，民风愈来愈开放，现代男女时兴试婚或同居。因为没有婚约束缚，男女之间的分分合合自然视为稀松平常。只是这种藕断丝连的分合，要想建立美满的家庭也难。

二、斩钉截铁。有一种男女分手的时候彼此不留一点情面，不留一丝余地，只要分手，就各不相干。这种斩钉截铁的分手倒也干脆。

三、赶尽杀绝。有的情侣相爱时万般亲密，到了分手的时候，爱有多深，恨也有多切。尤其对自己曾经爱过的人，再也不容许他与别人成双成对，因此赶尽杀绝地想置对方于死地。这是属于嫉妒心重的一类。

四、同归于尽。有的男女性格刚烈，当他发现对方移情别恋而提出分手，自己心有不甘，因此采取同归于尽的手段。这是最下等的分手。

五、互相成就。有的男女相爱，最终因故不能结为夫妻，但分手后还是成为朋友，并衷心祝福对方找到更理想的终身伴侣，这种互相成就的分手方式最为理性，也是最好不过的事。

六、抱憾终生。有的男女互相深爱对方，彼此论及婚嫁，并得到双方家长的同意，眼看着即将成就一桩美满姻缘，却因细故口角、彼此意气用事而分手，最后各自婚嫁，但心中始终忘不了对方，如此抱憾终生的分手，真是令人惋惜。

七、情非得已。有的情侣从小青梅竹马、两小无猜，长大后因为家族恩怨或是基于民间的习俗忌讳（例如同姓不联姻等），不能成为眷属。这种情非得已的分手，最是令人同情。

八、银货两讫。有人说“情场如战场”，有的时候情侣或夫妻分手也如商场的买卖一样，讲究银货两讫。当一方提出分手时，另一方就提出精神赔偿的要求，或是希望获得多少的赡养费。银货两讫后，各自获得自由，也是好事。

九、好聚好散。所谓“相爱容易相处难”，有的男女婚前爱得轰轰烈烈，婚后却发现彼此个性不合，因此协议无条件分手，大家好聚好散，也不失为君子风度。

十、成人之美。在各种分手当中，有的情侣本着“爱他就要成就他”的牺牲精神，当对方提出分手时，能克制自己的感情，独自忍受分手的痛苦，心甘情愿地成就对方。这种成人之美的表现，才是真正懂得爱的真谛，也是人性高贵情操的表现。

· 佛光菜根谭 ·

观得莫观失，实为人我相处之方；
隐恶且扬善，正是彼此祥和之道。

喝酒六事

竹林七贤之刘伶，经常乘鹿车，手抱着一壶酒，命仆人提着锄头跟在车后面跑，并说道："如果我醉死了，便就地把我埋葬了。"

摘引自《世说新语》

在佛教的五戒杀盗淫妄酒中，有人认为喝酒是小事，怎么与杀盗淫妄同列为根本大戒呢？有一则小故事说：一位先生在家无聊，想要喝酒。没有下酒菜，看到邻居家的一只老母鸡，咯咯咯从门前经过，临时起意，盗来宰杀，因此一下子就犯了杀盗二戒。当酒足饭饱之后，邻居妇人回来问他："你有看到我家的鸡吗？"他回答："没有！"一时见妇人颇有姿色，就借酒装疯强行猥亵，于是杀盗淫妄酒五戒皆犯。

酒是刺激性饮料，也是"毒品"，所以现在五戒中，"不饮酒"戒也可以说为"不吸毒"。毒品在世界泛滥，没有一个国家不谈毒色变，所以不贩毒、不吸毒成为社会重要的法律与风气。

酒能坏事，所以应戒以下六事：

一、不喝酒。喝酒是社交雅事，请客无酒，不够隆重，为什么不能喝酒呢？酒能误事！酒能亡国！夏桀、商纣，不都是因为酒色亡国的吗？历史的殷鉴还不够警惕吗？即使今日社会，宴会酒罢，出门开车，警察也会对你做酒测；就算行车没有发生意外，也要对你罚款，甚至拘留，因为酒后驾车就是违法。

二、不劝酒。酒宴之中，三朋五友为了表示热情相互劝酒，你一杯来我一杯，还要相约不醉不归。都市里，每天有五分之一的人口在喝酒。五分之一的人都成为泥巴稀烂的酽人，如此还成家庭，还成社会吗？

三、不醉酒。醉酒的后果大家都见过。醉酒的人不认得回家的路、认不清对方是什么人，胡言乱语，乃至酒后骂人、打人、毁坏器具、扰乱家人安宁等，都是不良后果。

四、不酗酒。有的人酒品不好，嗜酒无度，醉酒闹事。尤其有时心情不好，借酒浇愁，借酒装疯，酒后肆无忌惮地胡作非为，等到酒醒才悔不当初。在喝酒误事当中，最严重的就是酗酒。

五、不卖酒。卖酒，古今都视为合法的行业，国家还设立公卖局，专门贩卖烟酒。卖酒营生，所谓“特种行业”，比较容易赚取金钱，很多人喜欢以此为业。但是卖酒的人可曾想过酒对社会的功过、酒对社会风气的影响。就算酒能合法买卖，也应该设有相关的辅导措施才好。

六、不储酒。古代的家庭都在后院埋有酒缸酒坛，储酒以备请客或自饮。现在家庭的客厅里也有酒橱，专门陈列一些名牌酒品以示风雅。因为家中经常储酒，只要有客人前来或是朋友驾到，都会以酒待客。喝酒不但需要许多时间，而且三杯黄汤下肚，酒后吐真言，不慎泄露机密，后果就不堪设想了。

所谓“色不迷人人自迷，酒不醉人人自醉”，酒色经常是互相牵引、互相为患的。“酒是穿肠毒药，色字头上一把刀”，酒色之害，岂能不戒慎乎！

·佛光菜根谭·

酒色不沉迷，盗赌不流连；
出门说地方，亲人心不慌。

死不起

海瑞一生清贫节俭，一次母亲过生日，他为此买了二斤肉，小贩于是长叹：“我今生也有机会卖肉给海大人！”总督胡宗宪听闻此事，在一次会议间隙神秘地对众属下说：“海瑞买肉了！”众皆哗然。海瑞身后凄凉，他没有儿子，丧事全由同僚为之操办。清理他的全部家产，只有银子十余两。后来由众人凑钱支付了丧葬费用。

摘引自《明史·海瑞传》

我们走进百货公司，看到琳琅满目的货品，常会慨叹买不起；平时经过大街小巷，看到高入云霄的大楼或是美轮美奂的洋房别墅，心中好生羡慕，但多数人也是住不起。

菜市场里各类抢先出产的新鲜果菜，心里虽然想买，但是实在吃不起；服装店里各款名牌衣服，虽然适合自己的身材，然而也是穿不起；平时就要好好保健身体，一旦生病了，昂贵的医疗费用实在病不起；看到别人养宠物，小猫小狗真是可爱，但想到每日多出的开支也只得放弃，因为养不起。

出国留学，明知哪一所是世界名校，只是自己读不起；创业时，看到才干能力俱佳的人，也是只有惋惜雇不起；看到青年男女出双入对，卿卿我我，想到自己还是光棍一个，因为娶不起；看到为非作歹的坏人，只有自己躲避，因为得罪不起。

贤能的人对我看不起，对不健全的人我也瞧不起。争执的时候，偶尔我也会胜利，但内心感到有愧，觉得赢不起；有时候失败了，内心也会无比懊恼，这是我输不起。自己只有一项比较良好的习惯，和人相处时，别人的热诚招呼、厚待关爱，觉得实在对不起。

在很多的当不起、扶不起、禁不起、受不起之中，古今大多数的人都还有一个“死不起”。古人重礼，对亲人死后的埋葬，所费花不起，有时只得卖身葬亲，或是借贷来处理亲人死后的债务。可以说，除了富贵人家，死得艰难。“死不起”的感受，不光是死者畏惧、恐怖死亡，对人生之最后一副死不起的样子，就是活着的人，也为了张罗处理后事，而感到负担不起。

现在社会进步，科技发达，政府对人民的福利优厚，除了公务人员生儿育女时有津贴补助，一般学子读书上学有各种奖学金、助学贷款；青年创业有补助办法，乃至生病了，有医疗保险。唯独死亡，除了因公殉职可以得到抚恤，一般大众真是“死不起”。

人一有了疾病，除了住院、医疗费用，万一死了，棺木、殡葬、寿衣、福地，乃至诵经超度、进塔安位……这一笔庞大的费用不是一个普通家庭所能负担。所幸现代人类思想开通，对丧葬办法除以往的土葬外，还有求其简单的火葬、海葬、树葬、花葬等。生时贪图拥有、极力聚集，死后还要在地球上占有一席之地，有何意义？所以，现在有些社会人士兴起了一个新的行业叫“生命契约”，又叫“预约未来”，也就是由自己生前就把后事安排妥当。

根据统计，台湾每年死亡人数大约有五十万人，一人平均五十万元的后事费用，全台湾一年所费约需二百五十亿元，所以大家都想从死人身上赚一笔。但是死亡是悲苦的事，希望一些从事殡葬行业的慈悲人士，在这种时候能多多发心护持贫户丧家，不可以趁势想要再捞一笔，否则将会制造更多“死不起”的人间悲苦，真是令人情何以堪！

· 佛光菜根谭 ·

死，是生的开始；生，是死的准备；
生也未尝生，死也未尝死。
生，是缘生故有；死，是缘灭故无；
无生也无死，无死也无生。

叁

省察篇

切莫做了悔

四面峰峦翠入云，一溪流水漱山根。
老僧只恐山移去，日午先教掩寺门。
——宋·惟茂

宏与微

宰相之妻非常重视儿子的前途，每天劝告儿子要努力读书，要有礼貌，要讲信用等。而宰相是一早就离开家去上朝，晚上回来就看书。妻子终于忍不住说：“你别只顾你的公事和书本，你也该好好管教你的儿子啊！”宰相眼不离书地说：“我时时刻刻都在教育儿子啊！”

摘引自《哲理故事三百篇》

“泰山不辞土壤，因此成其高，大海不拣细流，所以成其深。”每一件宏伟的事物，都是由微小的元素累积而成。例如，一座宏伟的古堡，是由一块块砖头，乃至一粒粒微小的沙石混合泥土砌成；一次次宏伟的战功，是由一个个名不见经传的小兵牺牲生命所造就。所以，宏与微没有谁大谁小、谁重要谁不重要，只有彼此依存，互相成就。宏与微各有其用，尤其吾人在待人处事、成功立业上，更要宏微互用。举例说明如下：

一、志向须宏大，心思要细微。一个人要立大志，才能有大作为。你可以立志如尧舜、如孔孟，成为圣贤；你可以立志如张骞、如班超，开拓西域；你也可以立志向武训学习乞讨兴学的精神，乃至立志学习玄奘西行。一个人尽可以立下广大的志愿，但不能没有微细的心思。就拿出外旅行的人来说，即使有了目标地点，也需要准备食宿路费、换洗衣物、各种身份证件，乃至关心当地的天气阴晴、交通状况。你没有在细微的小地方用心，则出外处处都是障碍。

二、待人须宏大，律己要细微。中国的圣贤都会鼓励后学，待人要宽宏大量，对待自己要克勤克俭，所谓“宽以待人，严以律己”。可惜世人往往与此背道而驰，对己特别宽厚，待人特别刻薄。殊不知待人大度有量，就是给自己的方便；对自己事无巨细的要求，就是对别人的尊重。所以，做人当宏则宏，当细就要细。

三、格局须宏大，执行要细微。一个人如果目标只想开一间小吃店、小地摊，则凡事自己包办，无可厚非；如果志在做大事业，例如想要创办一所大学、兴办一所医院、建设一座港口、开立一家航空公司、成立一个社团，你就不能不扩大自己的胸襟格局。有了大格局之后，还要有细微执行计划，要依照计划按部就班、脚踏实地去执行。就如一座千斤顶，本身的重量虽然不过数十公斤，但可以把数千公斤的汽车顶起来。简单地说，有大格局的人，还要有细密的执行计划，才能成功。

四、眼光须宏大，脚步要细微。做人要有远大的眼光。但是有了远大的眼光，并不表示自己所看到的都能到达。你看到的世界，也需要一步一步地往前走，一步一脚印，不能躐等；走太快也容易跌倒。所以，吾人在精神世界里，心量要扩大，立大志、发大愿、存大心，都可以宏大；但是在事相上，面对现实，基础工程要必须从细微处做起，如此才会踏实，才能稳当。

· 佛光菜根谭 ·

小水一滴，不断滴落，可穿透磐石，更可润泽大地；
星星之火，接续蔓延，可燎烧原野，更可温暖人间；
小小种子，灌溉栽培，可长成大树，更可遮荫避雨。

让人知道

晋文公的司法官李离，一次根据下属汇报的案情，将人错判了死刑，事后便把自己拘押起来，准备抵当死罪。晋文公说："官阶有高低，处罚也有轻重，这案子是下面人弄错了，并不是你的罪责啊！"李离说："我的官职很大，从没有让给下属一点权；我享受很多俸禄，却没有赏给下属一点利益。现在错判案件而杀了人，却把罪责推卸给下属，这可没有听说过。"他不顾晋文公的劝阻，伏剑自杀了。

摘引自《春秋故事》

人生有一些事应该让人知道的，不要隐瞒；暂时不应公开的，要能保密。少部分人的事，少部分人知道；多数人的事，要让多数人知道，尤其有关人等都应该要知道。

人生有些什么事要让人知道呢？

一、国家的施政要让人民知道。新年度开始，一国元首都要作一次施政报告。因为主政者是人民公仆，既是公仆，就要让主人知道你做了一些什么。现在的政治最忌讳的就是黑箱作业，所以施政者要在议会报告，要得到议员的同意，政策才能生效。

二、领导的理念要让部下知道。无论什么团体机构都有他们的领导人，领导人要把他的领导理念让干部知道。就如一个人的头，脸上的眼睛、耳朵、鼻子、嘴巴，一定要让人看到，身体其他部位可以隐秘，但是应该看到的不能不给人知道。如果领导人的理念只隐藏在心中，不让干部知道，干部觉得没有目标，没有方向，就不会勇往向前。

三、老师的知识要让学生知道。老师是专业人才，是有学问的人。老师的学问要让学生知道；学生知道老师的专长是什么，对什么学科学有专精，他会选你的课，跟你学习。做老师的要能倾囊相授，这才是一个好老师。因为老师与学生之间不需要保留什么知识学问；如果老师有所保留，不肯悉数传授给学生，难道要让“麻布袋、草布袋，一代不如一代”吗？

四、夫妻的爱意要让彼此知道。夫妻是因爱情而结合的，夫爱妻，妻爱夫，这是正常的。但夫妻之间，丈夫不肯说“我爱你”，妻子也不肯对丈夫说“你真好”，彼此没有释放爱意，就会增加猜疑，如此夫妻的感情如何能维系呢？所以，夫妻相处，要表达爱意，要把爱意倾诉出来，才是爱情的保证。

五、父母的苦心要让孩子知道。做父母的为了儿女都有一番苦心。有的挂念儿女的健康，有的挂念儿女的学业，有的挂念儿女的行为，有的挂念儿女的思想。有的父母为儿女筹措学费、找寻名师，要节衣缩食、省吃俭用。尽管父母如此苦心，但有的儿女并不理解；因为不能了解父母的苦心，就难以激发孝心。所以，现代父母想要增加儿女对父母的感念，就要让他知道父母的苦心：爸爸为了你的学费加班借贷，妈妈起个大早为你做便当。父母多少的辛苦爱心，儿女不能不知道，更不能不回馈。

六、儿女的理想要让父母知道。青少年都有自己的梦想，有理想是好事，儿女的想法要让父母知道。你志在航空、志在海洋、志在森林、志在矿产，或者你要从事教育，你想进入工厂，不管想法如何，只要正当，父母无不欣然同意，乐观其成。只要儿女是正当的选择，父母大都会助其完成志愿。

·佛光菜根谭·

思路畅达，是良好的通风；
热心开朗，是灿烂的阳光；
展望未来，是宽广的视野；
菩提正道，是方便的交通。
这就是内心最好的龙穴。

人生十二问

哲学家带一群学生十年间游历了许多国家，拜访了许多有学问的人。回城之前，哲学家在郊外的一片草地上停下，说："现在，我们上最后一课吧！"弟子们围坐下来。哲学家说："这旷野里长满杂草，我想知道的是如何除掉这些杂草。"一个弟子首先开口："只要有铲子就够了。"第二个弟子说："用火烧也是很好的办法。"第三个弟子说："撒上石灰就会除掉所有的杂草。"第四个弟子说："斩草除根，把根挖出来最好。"……最后，哲学家说："你们回去后，按照各自的方法除草。一年后再来相聚。"一年后他们都来了，当初的地方变成了长满谷子的庄稼地。若干年后哲学家去世，弟子们整理其言论时在最后补了一章：要想除掉旷野里的杂草，方法只有一种，那就是在上面种庄稼；同样，要想让灵魂无纷扰，唯一的方法就是用美德去占据它。

摘引自《哲理故事》

人必须时刻躬身自省，才能够修德进业。以下十二个问题，都是吾人应该反省的问题，不知你是否问过自己：

一、我出生在人间，是否做过有益于人间的事呢？

二、我对于父母师长的恩德，有尽心尽力地报答吗？

三、我享受世间各种好因好缘，回馈了多少呢？

四、对于师长、亲人、朋友、社会，我有亏欠他们吗？

五、世间给我衣食住行乐的因缘，我是否也给他们因缘呢？

六、我明白我自己来是如何来、去是如何去的吗？

七、我可曾算过自己的内心世界，每天在天堂地狱间来回多少次？

八、我能够说出自己每天如何在贪嗔愚痴疑嫉的生活中打转吗？

九、“吾日三省吾身”，我第一省、第二省、第三省是什么呢？

十、我在世间生活，如何才能欢喜自在呢？

十一、我应该如何消除烦恼，去除无明，找到真心本性呢？

十二、我如何安排今生今世的好因好缘呢？

以上人生十二问，包括我与他人的问题、我与社会的问题。

吾人每天都在想自己的利益，很少关心他人的福利。由于将自己建立在社会之上，所以弊病就多了。许多人遇到一点挫折，不肯先检讨自己，先怨天尤人，怪命运捉弄，不知此乃因自己的思想、行为、居心不正，所以经常生活在忧悲苦恼之中。六祖大师云：“命好心也好，发达荣华早；心好命不好，一生能温饱；命好心不好，前程恐难保；心命都不好，穷苦直到老。”周利盘陀伽生性愚昧，因忏悔前愆，努力修持，终于成就道果；提婆达多贵为王子，因自私自利，破僧害佛，最后自食恶果。观古知今，无论科技多么先进，吾人必须要求自己健全自己，才得以生存。吾人必须反观自省，培植善缘，才能迈向佳境。

·佛光菜根谭·

时间是人生真正的资产，学问是人生真正的财富，
智能是人生真正的力量，健康是人生真正的快乐，
自由是人生真正的幸福，慈悲是人生真正的宝藏。

一时与一世

托尔斯泰一生的悲剧在他的婚姻上。妻子喜爱奢华，他却鄙弃之；妻子渴望名望和赞美，但托尔斯泰不屑一顾。托尔斯泰主张让自己的著作任人翻印，妻子却一定要从中抽利……他们初婚十分幸福美满；但48年后，他竟连看她一眼都不能忍受。他在1910年一个雪夜离家出走，因肺炎昏倒在车站。他临死前要求，不许他的妻子来看他。

摘引自《名人轶事》

感动是一时的，感恩是一世的；荣耀是一时的，影响是一世的；受戒是一时的，持戒是一世的；委屈是一时的，成就是一世的。

一时或是一世，谁长谁短？一般人当然认为一时是很短的时间、一世是很长的时间，真正说来，一刹那间都有三大阿僧祇劫，虽是一时，哪里不是一世呢？

修道的人精进用功，不畏艰难挫折，辛苦是一时的，成道后的法乐则是永恒的。

世间凡夫争强斗狠，因为难忍一时的嗔恨，造成的灾殃影响是无限的。故而不忍一时之气，终将造成无限的悔恨。

有时候不经意的一句话，一言能兴邦，一言也能丧邦；一句话，能把一个人说得稀烂，一句话也能让一个人死里复活。是好是坏，是生是死，常常都是因为一句话。一句话是一时的，伤害是永久的，吾人岂能不慎防一时的失言！

现代的青少年血气方刚，常常了逞勇，飙车刺激是一时的，伤残抱憾是终生的。为了一时之快留下终生的悔恨，值得吗？

学生沉潜用功，读书学习，辛苦是一时的，成就的结果是一生的。懂得养深积厚的人，莫不宁用一时的辛苦换取最好的一世。

男女相爱，结婚典礼是一时的，生活相处是一世的。为了一世的生活美满，彼此应不忘一时的承诺，才能相守一生。

民主选举，选票是一张，选出来的公职人员，他的影响是广大的；投票是一次，影响到全民未来的政策是无限的。

一时的，表示很快就会成过去；一世的，则是代表恒长的未来。世间再苦的事，如果你想到“那是一时的，马上就会过去”，如此一想，再大的辛苦、再多的逆境，都能突破，都能克服。世间再快乐的事，你也要想“那只是一时的”，有此认识，你就不会留恋而贪图不舍。对于苦乐都能舍的人，还有什么事情不能成功呢？

所以，做事时不妨告诉自己：利人是一世的，辛苦是一时的。有此一念，自然会锲而不舍地努力，终能坚持到底，直达成功。

人的一生，一时种下的因，其产生的结果可能影响及于一世，乃至牵动生生世世的祸福安危，因此吾人岂能不慎于一时的言行举止！

·佛光菜根谭·

好心一起，一切吉祥如意；
恶念一生，百万障门开启。

宁　可

表演大师上场前，弟子提醒他鞋带松了。大师点头致谢，蹲下来系好。等弟子转身，他又将鞋带解松。别人看到了，问为什么。大师答：“我饰演的是旅行者，长途跋涉后鞋带必然松了，我想通过这个细节来表现他劳累憔悴。”“那你为什么不直接告知弟子呢？”“他那么细心且热心，我要保护他的积极性，至于教他表演心得，可以下次再说啊！”

摘引自《哲理故事》

在吾人的生活中，经常会面临抉择与取舍：名和利当前，宁可要名？宁可要利？亲和情之前，宁可重亲？宁可重情？新旧朋友相交，有了问题时，宁可护新，还是护旧？孟子说：“鱼，我所欲也；熊掌，亦我所欲也，二者不可得兼，舍鱼而取熊掌者也。生，亦我所欲也；义，亦我所欲也，二者不可得兼，舍生而取义者也。”人生时时都需要作出一些重要的抉择，如何取舍，兹举数例提供参考：

一、宁可千人好，莫与一人仇。在芸芸众生当中必定有与我们谈得来的朋友，也有比较疏远的人。有的人可以与我们共思想，而有的人待人处事的观念与我迥然不同。我们应该宁可和千万人保持友谊，不必与某一个人为敌。和大众相处，不一定要每个人都把你当朋友，只要不视你为敌就好了。

二、宁可悔了做，切莫做了悔。人生有很多事情，总要等到事后才懊悔，所谓“菩萨畏因，众生畏果”就是这个道理。因此，很多事宁可懊悔自己没有先知先觉，没有审时度势，不懂得洞察先机，千万不能凡事不经考虑，不经计划，懵懂无知地就一头栽进去。即使事后懊悔再去做，仍有可为；如果莽撞行事，事后才来悔不当初，则为时晚矣。

三、宁可不识字，不能不识人。在常人看法里，总认为知识分子要比一般人强得多。事实上有很多知识分子所做的糊涂事，比村夫村妇更差劲。因为知识分子有时候感情蒙蔽了智慧，反不如没有知识的人胸无城府，对识人更有佳境。

四、宁可少年苦，不受老来贫。做人要有忧患意识，所谓“养儿防老，积谷防饥”，晴天要备妥雨伞以防雨天来临，白天准备手电筒以备黑夜停电。不用说，少年的努力就是老年的富有。一些年轻人年少轻狂，到了老来一无所有，所以“有”时要为“无”时预备，不要等到需要时才来准备，那就来不及了。

五、宁可直中取，不向曲中求。做人，有的人正直，有的人谄曲；正直的人处世或者偶尔让对方不快，不及曲中之人虚意应付给人面子来得讨人喜欢。但做人恒久的信用是在耿直不阿，假如只是以谄曲媚世，到急难时要想要有个知心朋友，可则就难矣哉！

六、宁可没有钱，不能没有道。在吾人一生当中，是金钱重要呢，还是道德重要呢？一般人根本不多想，从现实层面来看，当然金钱重要！道德一斤值多少？讲道德、讲好话，旷时废日，不如用金钱能及时办成。但世间事就是这么奇怪，有时候金钱办不了的事，道德能办；金钱办不好的事，道德能办得好。所以吾人在世间，无钱无财则生活艰辛，无道无德则会给人轻视。世间金钱的铜臭气总不若道德的美酒芬芳。

七、宁可人负我，不可我负人。曹操这种人以自我为中心，虽然成功，也不过是枭雄而已。做人时时刻刻都要注意不可得罪人，不可辜负人，不可伤害人。宁可让人来负我，也不愿我负人。就如借钱给人总比欠债好。

八、宁可失一切，不可少慈悲。世间什么东西最宝贵？慈悲。金银财宝失去还会再来，失去慈悲怎能再拥有呢？一个人宁可失去天下、失去所拥有的一切，这些都有再来的时候，但慈悲心一时一刻都不能失去。

以上从“宁可”的取舍，可以看出每个人的价值观不同，对“宁可”的看法也会不同。凡事宁可从正面，从远处去看、去想，这是非常重要的。

·佛光菜根谭·

被人利用不是坏事，能被人利用，
表示自己有能力，还有存在的价值，
对社会人类尚能提供些微的力量。
无争，并非不能争，而是能争而不愿争。
无争是宽大视野、包容心量的呈现。

认错的美德

有个女人多年以来一直抱怨对面住家的女人懒惰:“那个女人的衣服永远洗不干净,总是有斑点,我真不知道她衣服怎么洗的……”直到有一天,有朋友来到她家,才发现不是对面人家的衣服没洗干净。她拿来一块抹布擦了擦窗户上的灰渍:“看,这不就干净了吗?”

摘引自《超级管理小故事》

语云:“人非圣贤,孰能无过;知过能改,善莫大焉。”勇于认错,此乃智者之举;不肯认错,终将失去进德的机会,殊为可惜。人的一生不可能永不犯错,有时候错误只是自己的一时疏忽所造成,并不构成太大的得失;但如果不认错,可能犯了“戒禁取见”,后果不可收拾。一个人的际遇安危、成败得失,往往和自己能否认错有十分密切的关系。中国历史上有名的“将相和”,蔺相如能够“相忍为国”,固然赢得后人尊敬;廉颇勇于认错,登门“负荆请罪”,同样流芳千古。

承认错误需要勇气,能够勇于认错,才有机会重新做人。西晋的周处,少时横行乡里,成为父老口中的“三害”之一。后来发愤认错改过,为地方除害,从军报国,完全改写了自己的人生,成为悔过向善的典范。可见,一个人唯有勇于认错,才能获得大家的谅解,才有重新出发的机会。

佛教非常注重认错的美德,所谓“不怕念头起,只怕觉照迟”、“放下屠刀,立地成佛”。人不怕犯错,就怕没有认错的勇气。勇于认错的人大多容易进步。近年监狱刑事犯,改过迁善,重修学业成功的人,比比皆是。凡是没有力量认错的人,只在原地踏步,乃至更加堕落,殊为可叹!

认错没有大小之分,认错要能坦诚,是否真心能改,就在于我们是否具有勇气。历代“下诏罪己”的帝王反而更增贤名;美国总统罗斯福在纽约市长任内,曾经当众坦承自己因一时不察通过议案,结果赢得更多人的尊敬；阿育王向小沙弥赔罪，自古以来没有人耻笑阿育王以九五之尊礼拜道歉，反而同声赞美他勇于认错的美德。认错不但不会失去自己的身份，反而能赢得更多的尊重。认错，实在是一门很高的人生哲学，值得世人深思。

·佛光菜根谭·

推诿，阻碍一切进步；
担当，成就一切事功；
强辩，招来一切非议；
认错，化解一切责难。

修　正

从前有个人叫高阳应，总认为自己的意见对。高阳应要盖新房子，他催木匠马上开工。木匠说："不行啊！现在木料还没有干。如果把湿泥抹上去，会把木料压弯。用新砍下来的湿木料盖房子，刚盖成时还挺像样，过不了多久会倒的。"高阳应接过话茬："按照你的说法，这房子还管保坏不了。因为日子一久，木料越干就越硬，而湿泥越干就越轻。用越来越硬的木料去承受越来越轻的泥土，这房子还能坏吗？"高阳应的诡辩把木匠噎得无话可说。木匠一赌气就开工了。房子盖成以后，外表挺气派，但没过多久，因为梁木变形，就塌了。

摘引自《吕氏春秋今译》

衣服破了，修补一下，还能穿；桌椅坏了，修补一下，可以再用。乃至水管漏水，房屋破旧，经过修补，都可以焕然一新。我们写字写错了，用修正液涂了重写；说话说错了，赶快向人道歉。能修正，就有补救的机会。人生也有很多需要修正的地方，例如：

一、修正语言。人生最会惹祸、也是最需要修正的，就是语言。有些人口不择言，讲话粗鲁，当然要修正。说话容易得罪人，让人烦恼，应该要修正。讲话颠三倒四，口齿不清，或是词不达意，都要修正。人的语言要像花朵一样散发芬芳气息：人的说话要周全圆融，充满哲理智慧。说话能让人听了心开意解、如梦初醒，则此人的口就非一般的沟渠可比，而是深如大海令人赞叹。

二、修正行为。人的一生，身口意所犯的过失，身体上如杀生、偷盗、邪淫，语言上如两舌、恶口、妄言、绮语，心意上如贪欲、嗔恨、邪见等，都需要修正。一个人的行为表现出来，不是自己的事，必与他人有关。例如，杀生就是威胁到别人的生命安全；偷盗就是侵犯他人财产，自己得利，他人损失；邪淫就是破坏他人的家庭，侵犯别人的名节，妨碍社会伦理风化等。所以，有了不好的行为，必须加以修正，让自己有护生、助人等善行，才能成为一个健全的人。

三、修正观念。人的观念如果涉及社会、他人、公权力，就应该受到公评，不是自己认为的、自己所想的都可以恣意妄为，应该以不侵犯别人的自由为原则。人的一生，成败受观念的影响很大，观念里有国家、社会、法律、忠诚、正直等，则此人一定无往不利，到处受人尊重，否则就是社会的败类。

四、修正目标。人生有了目标才能往前进取。有了圣贤为目标，就会奉行圣贤之道。圣贤之道，三纲五常，四维八德，都是做人的基本道德，都是生而为人应该有的品格、内涵。做人如果要做正人君子，则待人处事就须讲究信用、诚实、正直、义气，乃至为了达到此一目标，虽吃亏受委屈，也是义不容辞。能够为达目标，坚持做人的原则，必能树立个人良好的形象，必然为人所赞美。做人要懂得自我修正，不断修正才能不断进步，才能自我健全。

·佛光菜根谭·

世间事无绝对难易，
努力为之，难者亦易；却步苟安，易者亦难；
天下人无绝对贤愚，
用心待之，愚者亦贤；拣择嫌弃，贤者亦愚。

磨　炼

孔子带着学生来到楚国，走进一片密林歇凉。林中蝉声一片。一位驼背老人手拿竹竿在捉蝉，只见他一粘一只，百发百中。孔子问老人："您捉蝉的本领可真大，这里边有什么奥妙吗？"老人笑笑说："蝉是很机灵的，一有动静，它就飞了。因此，先要练得手拿竹竿纹丝不动。练到竹竿顶端能放两粒弹丸而不掉下来，捉蝉就有一定的把握了；练到放三粒弹丸而不掉下来，捉十只蝉顶多会逃脱一只；练到能放五粒弹丸而不掉下来，捉蝉就像伸手拣东西一样容易了。手不抖，身躯也不能动。我站着的时候，像纹丝不动的树干；手拿竹竿的胳膊，像树上伸出去的老枝，不颤不摇。捉蝉的时候，我专心致志，天地万物都不能扰乱我的注意力，眼睛里看到的只是蝉的翅膀。能够练到这样的地步，还怕捉不到蝉吗？"

摘引自《寓言故事》

人与人相处，难免偶有摩擦，如果把一切逆境都当成磨炼，那就是成长的助缘了。就如黄金白玉经过琢磨，才能制成为各种饰品。人的个性，尤其一些青少年血气方刚，如果经过社会的一番磨炼，性格才会圆融成熟。一个人的成长过程都是要经过几番磨合，才会更进步。世间万物都要磨，才能更加利用。例如：

一、黄豆磨了成为豆浆。米麦磨了，可以做成糕饼，黄豆磨了，可以制成豆浆。中国人早在汉武帝时代就发现了黄豆可以磨成豆浆，还可以制成豆腐。豆腐是中国人的一大发明，卖豆腐的人每天一早就要起床磨豆浆，再把豆浆制成豆腐、豆干、豆皮，成为中国人餐饮的重要材料。一个人即使餐餐吃山珍海味，久了也会腻，唯有每天一碗豆浆、一碟青菜豆腐，是百吃不厌的家常生活饮食。

二、芝麻磨了成为香油。芝麻磨成的香油，成为家庭主妇必备的煮菜作料之一。平时家常饮食或是宴会请客，只要在菜肴里滴入几滴香油，可以增加美味，光闻那股扑鼻的清香味，就会让人食欲大振。不管黄豆制成豆浆，或是芝麻制成香油，都是要经过“磨”，才能成其味。

三、钢铁磨了成为刀剑。破铜烂铁经过大冶洪炉磨炼之后，有的成为建材的钢筋原料，有些再加以制造，磨成厨刀、剪刀、剃头刀、指甲刀等，成为生活中不可少的器具。三餐要用厨刀切菜，头发长了要用剪刀修整，乃至指甲长了要用指甲刀。坚硬的钢铁，也要磨了以后，用途才会更多。

四、木材磨了成为家具。美丽实用的桌椅、橱柜等家具都是一些原木经过木工刨磨之后，才制成的。一些用来装潢室内的地板、木材等，长短方圆，尺寸大小，都要经过裁切、刨磨、打光。

五、个性磨了成为圣贤。世间万物都要经过磨才能合用，人也是一样，要能经得起磨炼，要能堪受得了外境折磨。人经过磨炼、折磨，才能成为圣贤。磨，是成才成器不可少的功夫。

· 佛光菜根谭 ·

投入才能深入，付出才能杰出；
平凡才能不凡，磨炼才能熟练。

杀 手

项羽四面楚歌，在乌江自刎；勾践受羞辱卧薪尝胆，使越国复兴。“毋宁死”是一种态度，“留得青山在”是另一种选择。大势已去，项羽连复盘的机会都没有留给自己，舍身而成仁。决定活下去的勾践则是又一种的情形，一国之君威风扫地成为犬彘不如的阶下囚，锦衣玉食没有了，前呼后拥没有了，人的尊严没有了……

摘引自《中国历史故事》

人在世间生存，最恐怖的就是周遭埋伏了很多无形的杀手。天灾人祸、地震台风，都是人间的杀手；盗匪流氓、地痞恶棍，不知道什么时候会来找麻烦，成为威胁生命的杀手。经济萧条，生存艰难，都成为生活的杀手。

其实，人有时候也会成为谋杀自己的杀手，例如：

一、乱吃是健康的杀手。人要吃才能生存，但暴饮暴食、吸毒喝酒都可能有害身体的健康，乃至危及生命。所谓“祸从口出，病从口入”，很多疾病都是从好吃而来。因此，想要获得健康，就要注意饮食，不要让食物成为健康的杀手。

二、变心是感情的杀手。人类及一切动物，佛教称之为有情众生。举凡朋友的感情、恋人的爱情，最怕的就是变心。男女之间，海誓山盟的期许，一旦某方变心，再美的情爱也会被变心的杀手摧残。但愿天下有情人都能预防变心的杀手。

三、自满是进步的杀手。人生要不断求进步，如学业的进步、道德的进步、事业的进步、修行的进步。进步遇到自满，一切都会停滞不前。自满不是在外境上，而是存在内心；内心藏着一个自满的杀手，是人生的一大危机，不能不加以预防。

四、懈怠是工作的杀手。人活着不能没有工作，有工作的人生，生命才有意义，有工作的生活，身心才会平衡。无论什么工作，重要的就是要勤奋，要不断发心进展，一旦心生懈怠，懒惰偷安，对工作不愿承担负责，好逸恶劳，那么辉煌的人生前途就会被懈怠的杀手毁灭了。

五、说谎是信用的杀手。信用好比人的第二生命，有的人甚至把信用看得比生命还重要。一个没有信用的人会被世人看不起，会被社会所唾弃。

六、邪恶是社会的杀手。社会的杀手就是那些邪行、邪知、邪见的人。专门抢劫窃盗的人，是经济的杀手；烟毒嫖赌样样皆来的人，是行为的杀手；散播邪说邪理的人，是思想的杀手。

七、忤逆是伦理的杀手。自古以来，中国称为礼仪之邦，讲究伦理，重视道德。但是今日社会，有些人对父母不孝、对师长不敬，种种忤逆的行为就是伦理的杀手。伦理纲常是社会的秩序，不容侵犯。

八、绝望是生命的杀手。生命是活在希望里，哀莫大于心死，人到了绝望的时候，生命的希望火花熄灭，那么人生就等于走上了绝路。人不能失去希望，没有希望的人生，生不如死。

· 佛光菜根谭 ·

经验能教人聪明，
吃亏能教人谨慎。

做人的底线

齐国进攻鲁国，将路过亶父。父老听到消息，就跑去见地方官宓子贱，建议道：“现在麦子熟了，齐国大军将路过这里，怕会被抢去当军粮。可不可以让县里的民众自由出城，把沿城周围的麦子抢收回家？这样能增加百姓的存粮，也不会变相资助齐军。”宓子贱不答应。不久齐军过境，果然大肆收割，这些麦子成了齐军的补给。鲁国重臣季孙知道后，责备宓子贱：“亶父的百姓真是可怜！他们不畏风寒溽暑地耕种施肥，希望能有所收获。如果事先不知道齐军过境，也就罢了；但是，事先知道，父老也提出请求，居然听任麦子白白被抢！”宓子贱反驳道：“麦子今年没收成，明年再种就可以收成；可是让那些不耕种的人任意割麦，就无异让那些人盼望常有兵患强寇，制造凭空收获的机会。况且，一年的麦子收成量不会让国力明显增强，丢掉了，也不会削弱国力；但是，若让百姓以为天下可以有不劳而获的便宜事，这种观念所造成的影响，可能花费好几年去教育也矫正不过来。”

摘引自《春秋故事》

人就是人，为什么要“做”呢？偏有人说“做人难，人难做，难做人”。人活在世间，真的有那么困难吗？

做人确实是很困难的。有时候我们跟人家谈如何做学问，谈古论今，说东道西，大家眉飞色舞，兴高采烈，可见得做学问，人同此心，心同此理。我们谈到做事，虽然有时也会有见解上的不同，但说出各种不同的看法、不同的理论、不同的层次、不同的变化，也都是神采飞扬，各述心得，表示大家对事情的认真。但是，一谈到做人，马上就严肃起来，每个人一副保护自己的姿态，深怕别人谈到做人时伤害了自己，不愿深谈下去；如此即使有心人也不敢妄自谈论做人，恐怕一言之失伤害了彼此的交情，以后难以弥补。

不谈做人，难道我们就能把人做好吗？人要说话，每一句话都能说得得当吗？人要走路，每一步路都能走得顺利吗？人要吃饭，人要做工，人要办事，人要有很多的技能，例如绘画、弹琴、建筑、种植、行政等，都不需要人指导吗？义理、人情、忠诚、美德，都那么样的健全吗？

父母爱护儿女，爱护不一定把人做好；师长教导学生，教导也不一定把学生教好。人非生而知之，乃学而知之；不学做人，怎么会做人呢？

人，真是一个奇妙的动物：有的人闻过则喜；有的人闻过则怒；有的人谦虚，述说自己的不够圆满，不够圆融；也有的人挖空心思，说自己如何伟大、如何崇高。有的人一直感觉自己道德不够、修养不够，惭愧认错，修身改性；有的人一直就是述说自己称心得意的往事，发挥未来高不可及的理念，一再叙说当年勇，叙说现在强，真是不可一世。

有的人欢喜赞叹别人，尊重别人，说别人好话；有的人一再夸赞自己，标榜自己有多少的功勋。有的人是你坏我好，也有少部分的人经过检讨后自觉“我有缺点、你才是对的”。

·佛光菜根谭·

人之所患，莫甚于不知其恶；
人之所美，莫甚于好闻己过；
人之所鄙，莫大于寡廉鲜耻；
人之所贵，莫过于明理好义。

人为了快乐才要活下去

长江澄澈即蟾华，满目清光未是家。
借问渔舟何处去？夜深依旧宿芦花。
——宋·丹霞子淳

人所需要

野兔飞快地穿过田野，狗在后面紧追。可是狗跑得不够快，不久就不追了。有个人在地里干活，他全看见了，对狗言道：“真想不到你会跑不过这么一只小动物。他跑得比你快一倍，你一定老了。”“你忘了我们干吗跑的吧？”狗平静地答道，“为了吃顿饭而奔跑和为了活命而奔跑是不大相同的。”

摘引自《寓言故事》

人生有很多的需要，需要饮食，需要安全，需要知识，需要感情等等。也可以说，人生因为需要才能活着，等到了没有需要时，生死已经不是问题了。

人生除了需要一般衣食住行的日常资用以外，还有什么需要呢？

一、风浪里的船只需要港湾。人生像一叶扁舟，在大海里漂呀漂，会遇到狂风急浪，所以需要一个港湾让它停泊，才能安全。当你出航时，你可知道风浪中你的港湾在哪里吗？

二、黑暗中的行人需要灯光。“娑婆界，黑暗无光，人生像一位盲者，徘徊在歧途上，聪明的人儿想一想，我们的归宿在何方？”人生就像在漫漫长夜里的旅行，我们需要灯光的指引，需要灯光的照亮。禅宗说，我们的心灵就是一个黑暗无光的地方，必须要靠佛法才能把般若心光照亮。所谓“千年暗室，一灯即明”，我们能有照亮心灵的灯光吗？我们的世界千奇百怪，令我们迷惑迟疑。我们要找到信仰的灯塔，指引我们通往佛国净土，才是究竟的归宿。

三、对立下的关系需要和谈。人生活在存在各种矛盾的世界，在许多的差别里需要给予平等，在很多的杂乱中需要加以统一。假如人与人之间有对立，就需要谈判。只是发展飞机、大炮，世界无法和平；唯有交流、对谈、相互了解，人间才有和平。

四、决策后的计划需要执行。大事业有大事业的计划，小家庭有小家庭的决策，已经计划好的决策需要有执行力。有的人经常被人批评为庸碌无能，就是因为没有执行力。

五、财富上的门槛需要勤劳。世界上的人有着同样的五官四肢，如眼睛、眉毛、耳朵、鼻子、嘴巴等，还有双手、双脚。同样是人，为什么有的人荣华富贵，有的人贫困潦倒？发财致富是世人共同的希望，为什么有的人能如愿，有的人事与愿违呢？财富究竟如何才能获得？其实，求财之道无他，就是勤劳再勤劳，勤劳才有财富，勤劳的人才能跨过门槛获得财富。

六、一生中的成长需要认错。在人生的成长期中，需要关怀、鼓励、教育、提拔，更需要认错。认错才能改进自己，认错才能获得进步，认错才能明白事理，认错才能为人接受，认错才能真正成长。

· 佛光菜根谭 ·

尊重他人的需要，给予方便，是真布施；
衡量自己的能力，尽心踏实，是真精进。

理性与感性

楚庄王有一匹最心爱的马，平常穿五彩缤纷的锦衣，养在富丽堂皇的屋里。这匹马越来越胖，没多久就死了。楚庄王非常伤心，下令找天下最好的棺材装殓它，而且要用大夫的礼仪埋葬它。有大臣劝阻，楚王就发怒要杀人。这时优孟失声痛哭起来。楚庄王问他哭什么。"我哭马呀！这匹马是大王您最心爱的，只用大夫的礼仪来埋葬它，还是太亏待它了。我看应该用君王的礼仪埋葬它才对。臣请求用雕刻花纹的玉做棺材，派士兵挖大坑，叫百姓运土，祭品要最上等的，还要请各国使者来吊唁它。这样，诸侯就都知道大王轻视人而看重马啊！"楚庄王这才知错。

摘引自《春秋故事》

世界上的人性有多种，有善性有恶性，有理性也有感性。

所谓理性的人生，这种人大部分以学者专家自居，自觉对于道理一丝不苟，做人处事"非礼勿动，非礼勿视，非礼勿言"，是非常的理性。也有的人是感性的人生，往往睹月思乡，花开花落，生喜死悲，非常的感性。

一般说来，哲学家理性居多，如老子、庄子等历史上的诸子百家，可以说都是非常的理性。文学家多数是感性的人生：我们读韩愈的《祭十二郎文》，可以看出他那一份叔侄的感情浓厚；我们读苏东坡的《焰口召请文》，充满了悲悯众生的至情感性。

关云长当初在曹营，上马一提金，下马一提银，受过这样隆重的待遇，后来在华容道本可以轻易地把曹孟德捉拿，但念其有恩于已，将其释放。而他在当年下邳兵败，率领刘备的妻儿逃难时，夜读《春秋》，大义凛然，叔嫂之礼，严守分际。所以关云长虽然重恩义，仍不失为一个理性的英雄人物。

南唐李煜就是典型的感性人物，他的一生风花雪月，吟诗填词，到最后国破家亡，只留下一些感伤的诗词，例如他的《相见欢》："林花谢了春红，太匆匆！无奈朝来寒雨晚来风。胭脂泪，留人醉，几时重？自是人生长恨水长东！"写的尽是一些柔肠百转的离愁别绪，令人不忍一读。

唐朝武则天既理性又感性。如骆宾王说她杀女屠子，但她又非常尽心尽力为国为民，这是一个复杂的人性。

吾人立身处世，太过理性，显得冷冰冰；太过感性，又是热烘烘，会冲昏了自己。究竟感性、理性，何去何从？吾人当理性的时候，要带一些感性；当感性的时候，内中也要有一些理性。最好是理性感性融和，理性感性化一，合乎中道；是理性的，也是感性的；是感性的，也是理性的。如同勇猛智慧、慈悲喜舍，共同作为人生的骨架。则十八般武艺样样都能为国为民谋福，不执著自己的一己之私，是谓理性感性交融，而有益于苍生也！

· 佛光菜根谭 ·

我们不仅要做好人，更要做正人；
我们不仅要做善人，更要做全人。

拿　捏

后汉曹州济阳县县印由县令和县主簿昼夜轮流保管。当时县令有个妾与妻争宠，县令爱妻而不爱妾，妾嫉恨，便将县印藏了起来，印盒上的封条仍然保持原样。主簿当晚接过印盒。第二天要用印，打开发现盒子是空的。当时众人皆慌，而主簿却神态自若，不露声色地进行查找，果然在房舍的灶头烟煤堆里找到了县印。主簿何以不作声张？主要是怕盗印人一时情急，将印毁掉，那就坏了大事。

摘引自《上下五千年故事》

吃饭的时候用筷子夹菜，必须拿捏准确；医生护士为病人打针，针筒要拿捏准确；父母教育子女，松紧也要拿捏适度；开会发言，也要拿捏当时的情况，不能离题太远。拿捏是人生行事重要的规范，例如：

一、规矩当前知方圆。“不以规矩，不成方圆。”凡事都有规矩。人我相处有规矩，工作办事也有规矩；在家里有家规，在社会也有应该遵守的道德规范。比方说，早起要向人问安，这就是规矩；外出要向人告假，这是规矩；遇事向上级请示，这也是规矩。健全的人，会为自己订定自我的约束、自我的规范；不健全的人，规矩之前，他也不会遵守。在西方，如果你不准人群进入一个区域，只要拉一条绳子，千百人在外观望，绝不会有人敢擅自闯进去。反观东方人，即使再多的人看守，大家一样照闯不误。可见守规矩是一个民族的教养。

二、讥毁当前知止谤。再能干的好人，也有人讥谤。因为了解你的人，觉得你伟大；不了解你的人，当你是魔鬼。吾人遇到毁谤的时候，首先要做的工作，不是兴师问罪，也不是急着去报复，应该是想办法如何止谤。改进自己，可以止谤；重建关系，可以止谤；不去计较，可以止谤；不必回避，也可以止谤。总之，只要自我健全，讥评毁谤就会很快成为过眼烟云。

三、权位当前知上下。什么是君子与小人？权位当前，小人容易上台，不容易下台；君子不容易上台，但容易下台。人在一生当中都有一些权位的诱惑，你在权位之前能够审慎地知道进退吗？

四、是非当前知真假。人间有许许多多的是非，“此亦是非，彼亦是非”。就算你不说是非、不传是非、不怕是非，但不会因此就没有是非。“是非止于智者”，是非来了，你要用智慧鉴别是非，要知道是非的真假，不然就会被是非所迷惑。

五、聚散当前知因缘。人生总是有聚有散，即使亲如父母兄弟姊妹，为了学业，为了职业，也会远走天涯。乃至就算是夫妻，语云“夫妻本是同林鸟，大限来时各自飞”。人生的聚散，就好像甲乙二人，从不同的地方相会在一个聚点，会聚之后仍然要各奔东西。人生的聚散没有定准，就看聚散的因缘了。“有缘来相聚，无缘就分散”，参透因缘，才能懂得聚散的关系。

六、生死当前知放下。人，生了会死，死了会生，生死本是一体的。世界上没有生而不死的生命，但死了也不是没有，死了可以再生。“生之可喜，死之可悲”，这是人之常情！生死当前，最重要的就是能够放下。当人面对死亡，亲人、财产、功名、事业，你不放下，也由不得你；当你能放下，一切随缘，因缘是永远都会常在的！

·佛光菜根谭·

勿以恶小而可为，小恶如水穿石；
勿以善小而不为，小善如息日增；
勿以权大而可畏，权大久必自倾；
勿以胆大而不畏，胆大久会自危。

尊严

数十年来，华思一直挨家挨户兜售杂货，以此谋生。他从来不当自己是小贩，总是对顾客说：“我是推销员。”他限定自己每年到每户人家的次数为三趟，说这样不至于讨人厌，并以此说明他是个懂规矩的推销员。他从不向邻居推销，每有邻居向他买东西，他就说：“我是你的邻居，希望你当我是邻居，而不是站在你家门口的推销员。”华思去世的次日，报纸上登出一篇有关他的文章，其中透露了他生前说过的一句话，就是担心将来死了没人送终。出乎意料，葬礼的那天，无论是穷富老少，凡认识他的人都提前来到了墓地……

摘引自《小人物的故事》

做人就怕尊严扫地，保留一点做人的尊严，是人生最大的本钱。尊严不是傲慢，不是自高自大，不是匹夫之勇，不是自以为是。尊严是在强权面前不屈服不妥协，坚持自己的立场与原则，保持自己的人格与操守。

晏子奉命出使楚国，楚王以其矮小而开小门迎接，晏子不入，义气凛然地说：“使狗国者，从狗门入；今臣使楚，不当从此门入。”迫使楚人开大门迎接。曾子之妻“宁可正而不足，不可斜（邪）而有余”；陶渊明“不为五斗米折腰”；文天祥兵败宁死不降，元世祖以礼厚葬；道楷禅师不为脱罪而说谎，受到后人的崇敬。他们所表现的正是“贫贱不能移，富贵不能淫，威武不能屈”的尊严。

古代的侠客与人比武，当对手受伤之际，会给予医伤的时间，这种不乘人之危的气节就是保持自己的尊严。也有的人比武失败后，士可杀不可辱，宁可你杀死我，但不能羞辱我，这也是为了维护自己的尊严。

人不但要活得有尊严，乃至现代人提倡安乐死，就是死也要死得尊严。美国九一一事件，媒体为了维护死者的尊严，不拍摄罹难者的遗容，他们能尊重对方的尊严，这也是做人的厚道。

尊严不是目空一切，不是恃才傲物，尊严是坚守自己的分际。介之推辅佐晋文公回国继位后，归隐山林，宁可被火烧死，也不丧节；伯夷叔齐不食周粟，宁可饿死首阳山，也不做二朝之臣。所谓“忠臣不事二主，烈女不嫁二夫”，忠孝节义，诚信坚贞，都是为了尊严。

动物中，也有“不食腐尸”的尊严。植物里，“不经一番寒彻骨，焉得梅花扑鼻香”、“荷尽已无擎雨盖，菊残犹有傲霜枝”、“松柏后凋于岁寒”，这都是表现一种大无畏的尊严。

研究华严思想的近代哲学家方东美先生，一次游泳时不慎，险些溺毙。当他奋力挣扎、大喊救命之际，忽然想起自己身为一位哲学家，面临死亡却表现得如此惊慌失措，岂不有失身份，自己平时所说的学说又有何用？当他如此转念一想，为了保持自己的尊严，放下身心，不再紧张，也不再挣扎，却反而因此浮出水面，救了自己一命。

不卑不亢，就是尊严；不为功名利禄而受威胁利诱，就是尊严。尊严就是惭耻之心。人无惭耻，如树无皮，尊严之于人的重要，由此可见。

· 佛光菜根谭 ·

任难任之事，要有力无气；
处难处之人，要有知无言；
行难行之道，要有信无惧；
忍难忍之苦，要有容无怨。

寿　命

良宽禅师的书法写得很好，有位老先生做寿请他题字祝福，良宽禅师提笔写道："父死子死孙死。"老先生很难过：请你写字，就是希望你能写些吉祥话啊！怎么写"父死子死孙死"这么不吉祥的话呢？良宽禅师说："我为你写的这些字是最好最吉祥不过了。将来是要父亲死了，才轮到儿子死，然后才轮到孙子死，这是最合乎人生伦理次序的；难道你要孙子死后儿子死，儿子死后再轮到祖父死吗？"

寿命，可分为下列四种：

一、肉体上的寿命。养生有术，长命百岁，活到八九十岁，乃至一百余岁，童颜鹤发，依然矫健如虎，毫无龙钟的老态，这是一般人所希求的寿命。

二、事业上的寿命。所谓立功、立业，开创事业，泽被社会人群，如创建公司、工厂，一经营即是几十年，乃至百年老店，不但本身投注毕生的岁月，子子孙孙继承不辍，这就是一种事业上的寿命。尤以从事文化出版的事业，其寿命更是亘古长久。

三、言教上的寿命。古今圣贤的珠玑教谕，为人间留下许多思想、言说、立论。他们的教言是人类智能的遗产，是知识文化的宝库。通过著书立说，传之其人，文化得以薪尽火传绵延下去，言教上的寿命是超越时空和心灵交会的生命。

四、信仰上的寿命。肉体上的寿命有生老病死的现象，事业上的寿命有兴隆衰微的可能，言教上的寿命有时也依因缘际会之不同而有或被宣扬或遭压抑之别。所谓信仰上的寿命，是对生命有无限未来的信仰，相信生命是亘古今而不变，历万劫而弥新。信仰上的寿命是超越了有无、美丑等对待，绝对解脱，与真理契合的清净生命。

佛教认为世间的福寿虽然不究竟，不是我们追寻的目标，但并非完全排斥对福寿的追求。有位信徒过六十岁生日，请良宽禅师为他诵经，祈求长寿。良宽禅师问他："你要我为你消灾延寿，你想增添多少寿命呢？"信徒一听师父要为他诵经祈寿，赶快毕恭毕敬合掌说："我再添加二十年，八十岁就心满意足了。"良宽禅师说："纵然活到八十岁，二十年转眼就过去了，你还是会死亡呀。"信徒说："哦，可以再增加吗？那么增加到一百岁好了。"良宽禅师说："一百岁虽然人间称稀有，四十年的光阴就像一刹那，仍然免不了生死无常。"信徒说："一百二十岁好了，刚好是二甲子。"良宽禅师说："一百二十岁虽然是二甲子，但是好比电光火石，瞬息消灭，最后还是黄土一堆。"信徒说："一百二十岁仍然太少，那么人生究竟可以祈求活到多少岁数呢？"良宽禅师说："人生当求无量的寿命，成就与日月同光，与真理融和一体的无限生命，这种生命才是永恒不死、无穷无尽的生命。"

世间的寿命纵然如彭祖活到八百岁那样长寿，最后仍然免不了生老病死；世间的福乐纵然贵如帝王一般稀有，终究归于生灭幻空。世间的福寿，即使种类不同，本身也有它们的缺陷；唯有出世间的寿命是每一个人与生俱有的真心本性，那是永恒的寿命。尽管我们在六道五趣中流转轮回，在驴腹马胎中轮回变化，不管到了哪一道，我们的真如自性是死不了的。如同一块黄金，你把它做成耳环、戒指、手镯，再把它丢到水沟里、垃圾箱中，黄金的本质是永远不变的。因此，我们每一个人都应像黄金一样，有永远不变的真性、不死的生命。

因此人生当求永恒的生命、不变的福报。永恒的生命和不变的福报如何才能求得呢？好比农夫春天不播下种子，秋天哪里能够收获结果。我们求福求寿也必须平时播撒种子，有因有果，等到有一天因缘成熟，自然能够享受丰硕的收成。

· 佛光菜根谭 ·

生命是活的：活着，
就可以看到生命的光彩。
人生的希望，不但要勇敢地活下去，
还要有愿力地活下去，有智慧地活下去；
不但为自己，还要为家人、
为社会、为责任，勇敢地活下去。
因为，不想活的人是懦夫，
能维护生命的存在，才是勇者。

立身处世

艾森豪威尔小时候常和家人一起打桥牌，有一次他拿到一副坏牌，非常不悦，便一边打一边埋怨。母亲听了，就说："孩子，玩牌的规矩，就是不管你拿到什么牌，都不可以抱怨，而要尽力打好它。人生也是这样，不论你遭遇何种处境，你都要在这种处境和条件当中，尽可能地做到最好的地步！"

一个人想把自己管理好，必须管理的事情实在太多了，例如对自己的思想、心念、威仪、语言等的管理，尤其对自己的情绪更要管理好。情绪管理不好，会为我们带来许多无谓的灾殃。有的人情绪变化很大，如天气般"晴时多云偶阵雨"，让人捉摸不定。我曾将人分成四种：一是很能干，也没有脾气；二是很能干，但脾气很大；三是不能干，也没有脾气；四是不能干，但脾气很大。

一个人无论多能干，绝不能情绪用事；用情绪做事不容易让人信任，也就不容易成功立业。过分情绪化是性格上的缺陷，是心智不成熟的表现；情绪化的人大都是非不分、事理不明。美国加州大学心理学教授艾克曼是一位情绪解析专家。他认为我们的脸部表情是情绪的直接窗口。为了侦测情绪，他用电流刺激脸部肌肉，研究肌肉运动与情绪的对应关系，结果发现：我们脸部肌肉有大约七千种不同的组合方式，意思是我们每个人可变化出七千张不同的脸孔，有着七千种不同的情绪。艾克曼提出人类基本情绪有十大类——愤怒、恐惧、悲伤、嫌恶、轻视、惊讶、愉悦、尴尬、罪恶、羞惭。

这些基本情绪和佛教的分类颇为相似，早在两千多年前，佛教即已建构了一套成熟的心理学知识体系。佛陀说众生有"八万四千烦恼"，唯识学也将人的心理反应分析成五十一种，其中属于负面情绪的就有贪嗔痴慢疑恶见六种"根本烦恼"，以及随根本烦恼而生起二十种"随烦恼"，如愤怒、嫉妒、骄慢、悭吝、谄曲、昏沉、散乱、懈怠、无惭、无愧……这些情绪表现在外的，便是粗暴、蛮横、乖张、无理、喜怒无常的言行。

当一个人长期处在阴晴不定、激动忧惧的心理状态中，久而久之会影响生理变化，造成不易治愈的疾病，例如消化性溃疡、精神疾病等。医学研究报告中提到："当一个人不快乐、发怒或紧张受压力时，脑内会分泌具有毒性的去甲肾上腺素。"具有毒性的激素，不只伤害身体，更会妨碍人际的相处，让自己陷入忧郁、躁郁、自闭的困境。

情绪之害如此大，我们要如何做好情绪管理呢？佛陀说了八万四千法门，就是为对治我们八万四千个烦恼。在情绪管理上，可借由禅坐以调身、调息、调心、置心于一处，不散乱昏沉，在行住坐卧间就能将粗犷的身心调柔，将浮躁的情绪稳定；从礼佛拜忏中，可以消除我慢我执，减轻身体的业障，洗净内心的尘垢；念佛持咒，也可以止息妄想，抛开烦恼，而使心志清醒，保持心情的平静。

再如以喜舍对治贪心、以慈悲对治愤恨、以明理对治愚痴、以乐观对治沮丧、以知足对治嫉妒、以信心对治猜疑、以真心对治虚妄、以谦卑对治骄慢、以感动对治不满、以发心对治懒惰、以反省对治不平、以惭愧对治蛮横、以包容对治狭隘，都是很好的情绪管理妙方。

现在有一些年轻人常说："我的压力太重了！"父母师长教训是压力，课业太多是压力；工作负荷重是压力，赚钱养家是压力……这些承受不了压力、不堪一击的人，被称为"草莓族"。其实从古到今历代的人物，不管圣贤或普通人，哪一个不需要经过这许多压力来成长呢？就是青菜萝卜也要经过风雨日晒的孕育，才能成熟；山谷岩壁隙缝间的小草也是突破艰难的环境，才能绽放成长。我童年时也是在老师打骂、冤枉的教育中慢慢成长。回顾我的一生，正如有人所言："为做事，必须忍耐；为求全，必须委屈。"在忍耐、委屈中，不也成就了许多佛教事业吗？

我认为现代人之所以得忧郁症、躁郁症，大都是太过清闲、胡思乱想、没有压力。有人做过试验：把黄豆、绿豆摆到水盆子里，上面没有压力，长出来的豆芽都是瘦瘦的；如果上面覆盖一层棉花或纸网，施以一些压力，长出来的豆芽不但肥胖，而且甜美、营养。日本人欢喜吃生鱼片，常从俄罗斯进口。但是，将活鱼从俄罗斯运送到日本，因为路程遥远，常常到了日本，鱼已经死了一半以上。后来有人想了一个办法，在鱼箱里放进几只螃蟹，螃蟹会咬鱼，只要螃蟹稍微动一下，这些鱼就紧张地动起来；它们时时承受着这些螃蟹的攻击压力，反而增强了生命的动力。结果，后来运送到日本的鱼有百分之八九十存活。可见经由压力更能生存。

有压力才会激发潜力，有压力才会成长，才有前途；好比篮球，打它一下，它就跳得很高。我们要培养乐观开朗的心态，凡事随来随遣。如果尽是把事情摆在心里，会像水沟阻塞不通般地发臭；唯有懂得疏通排解和调适，生活才会过得欢喜自在。

有一次佛陀对弟子言说：凡夫身体受苦，忧恼狂乱，连带内心也跟着痛苦；贤圣之人身体受苦时，不会忧愁烦恼，所以只有身受，没有心受。二者的差别，即在于凡夫为五欲所染着而产生贪嗔痴三毒，圣贤则无。因此，我们平时要凭着正念、正勤、正道来做人处事；通过般若观照，培养自己的耐心、虚心、诚心、赤子心、清净心、慈悲心、宽恕心、欢喜心、平等心、忍辱心、惭愧心、感恩心……就不会产生各种负面情绪。

唯有把情绪管理好，我们才能找回心灵的主宰，也才能做自己的主人。当美丽的庭院里有了杂草，就必须把它去除；当厨房里有了垃圾，就要把它清理；当身上有了污垢，也要将它洗净；当心理的情绪有病了，怎能不把它治好呢？

·佛光菜根谭·

能干的人，只在做事上认真，不在情绪上计较；
无能的人，光在情绪上计较，不在做事上认真。

心平气和

小沙弥多半玩心很重，不爱读书，每次一上课就打瞌睡，有的人竟然从第一堂睡到第六堂，让老师伤透脑筋。一天，教授天台学的会性法师气冲冲地跑来找我："除非你把那几个爱睡觉的沙弥退学，否则我不教了！"我好言相劝："请您息怒，不妨想想，这些沙弥正是好玩好动的年龄，本来就不喜欢读书，他们肯待在教室里就已经很不错了，况且能坐着连睡六小时，也是不容易的功夫啊！"会性法师听后笑了。我继续告诉他："沙弥虽然睡着了，但心念还是沉浸在佛法的梦乡里，间或醒来，听到一字一句，也许对他们的一生受用无穷，这样不是比他们在外面嬉戏游荡而沦为坏孩子好吗？"

做人处事的修养有百千万种，心平气和是修养中的修养。

一个人如果"心不平"，则别人和你一接触，就会知道你有偏见、成见，就会感到你有亲疏的观念、公私的利害，对你的疏离之感即刻产生；如果你"气不和"，则会让人感觉到你气量不大、气势不够，也会不敢亲近于你。

心平气和的人，自然近悦远来。家庭内部，父母心平气和，不但儿女乐于亲近，就是一般的青少年也乐于求教；团体中，心平气和的长官，不但自己的部属乐于请教，其他团体的干部也会乐于追随。所以，许多的宗教都鼓励人要养心养气，平心静气是为人之道。

遗憾的是，我们的心经常都是心烦意乱、心浮气躁、心私不公、心暗不明，所以心的工厂生产不出好的东西。假如能够心平，就能光大心的功能，就能生产心中的净美，例如心光则明、心大则广、心明则清、心空则有、心有则喜、心德则正、心道则平、心慈则爱、心慧则智、心量则容。

心平是非常重要的。如平常说"愿将佛手双垂下，摸得人心一样平"。

心不平，人生道路上自然会有许多的横逆接踵而来。假如能求得心平，还要气和。一个人和别人一见面，心平不平或许还不容易看得出来，气和不和则很容易就能察觉得到。

气，形之于色，所谓气色。别人看到你，不但看得到你的气色，还能知道你的气味、气量、气概、气节、气质。所以，一个人怒则气逆，喜则气缓，悲则气消，恐则气转，寒则气闭，暑则气泄，惊则气乱，劳则气减，思则气结，怨则气损。

吾人在顺境里容易心平气和，一遇到逆境就很难平心静气了。平心静气不是用在安宁闲暇之时，而是用在紧急危难之间。大将在前方指挥，能够心平气和，则能理智清明，安然笃定；商人在商场上利害交关的时刻能心平气和，处之泰然，则必有所得。就如现在的青年学子，每遇考试，要能心平气和，就会有好的成绩；警察处理违警事故，如果心平气和，则能获得民间的尊重。

一个人有多大的道德、学问、能力，很难论断，心平气和则是必要的修养。

·佛光菜根谭·

心平气和，才能长养智慧，止于至善；
心浮气躁，只会蒙蔽灵台，趋向无明。

找寻快乐

马克·鲍勃是一家餐厅的厨师，后来幸运之神眷顾了他，他中了数百万美元的大奖。那晚，他在所工作的餐厅请客，庆祝自己一夜暴富。饭店老板有些难过，因为他得想着重招一名厨师了。第二天，老板已拟好招聘广告，发现鲍勃竟然还来上班。有人问原委，鲍勃说：“我从小就学习做菜，并在父母亲的反对之下坚持成为一名厨师，你大概知道我有多喜欢干这个了吧？我在这里有像亲人一样的老板和同事，他们让我人生的大部分时间都很快乐。我为什么要因为一笔意外之财而丢弃我热爱的事情呢？我不能因为钱耽搁了我的快乐。”

摘引自《快乐工作才能快乐生活》

人生是为了快乐才要活下去的，如果痛苦，那么人活着有什么意义呢？

人活着，因为每个人的价值观不同，各人所追求的目标也就千差万别。有的人，只想赚钱，他以为金钱里有快乐，但是金钱太多了，可能也是痛苦，所谓“人为财死”，财富有什么快乐呢？有的人认为家庭最快乐，但是家庭里的成员相处不和谐，彼此钩心斗角，家有什么快乐呢？有的人以为爱情里有快乐，所以尽情追求爱情，但是爱恨是难兄难弟，由爱生恨，爱得多深，恨得也有多重，夫妻反目，情侣背叛，多情反而不如无情好。

也有的人醉心于权力，认为权力里有快乐，所以要做官，要出人头地，但是，打入大牢、绑赴刑场的高官，不也很多吗？所谓爬得高，跌得重，权势高位也不尽然是快乐啊！

有的人则以事业为快乐，这里开个工厂，那里创个公司，一个集团、两个集团，每天事业的重担，到处借贷，反而成了一个富有的穷人，哪里有快乐呢？

有的人隐居山林，他在山林里找到了快乐。在山林里，与清风明月为伍，是他的快乐。有的人找到了淡泊朴素的生活，安分满足，他在清淡满足的生活里找到了快乐；有的人喜好读书，他在古今的书海里找到自己的安心之道，找到了智慧的泉源，找到了快乐的人生。

有的人觉得本分就是快乐，平安就是快乐，无求就是快乐，善念就是快乐。快乐处处求，其实快乐不是在心外，原来吾人的心中就有快乐的宝藏！

问飞鸟：为什么要在天空里翱翔？飞鸟说：空中有快乐！问游鱼：为什么要悠游在水里？游鱼说：水里有快乐！问湖泊：为什么要在山林里奔腾？湖泊说：山林里有快乐！问人间：为什么大家要这样东奔西跑，忙碌不堪呢？则说：在人间里广结善缘、造福人群就有快乐！

人生，快乐哪里找呢？信仰里有快乐，修行里有快乐，服务里有快乐，静心里有快乐。只要有心，快乐就在我们的心里！

·佛光菜根谭·

静中有活泼的举止，才不会失之于沉；
动中有宁静的力量，才不会流之于浮。

豁达的人生

有个人性情很好，待人和善，没人看他生气过。有一次有朋友经过他家，顺道去看看他，却发现他正在顶楼上对着天上飞过来的飞机吼叫。朋友好奇地问他原因，他说："我住的地方靠近机场，每当飞机起落时都会听到巨大的噪音。后来，当我心情不好或是受了委屈，遇到挫折，想要发脾气时，我就会跑上顶楼，等待飞机飞过，然后对着飞机放声大吼。等飞机飞走了，我的不快和怨气也被飞机一并带走了！"

摘引自《哲理故事三百篇》

根据医学报道，豁达是健康长寿的养生要诀，因为豁达的人思想乐观、思考理智，不为升降沉浮的心绪所困，不为生老病死所苦，凡事想得开，看得破，因此能避免不必要的烦恼产生。

举凡人与人之间，夫妻相处要豁达，倘若天天为了小事闹得天翻地覆，那就不是结婚的初衷了；朋友交谊要豁达，如果以利害关系相对待，那就无法结交到知心之友了；主管对待属下要豁达，若是一味要求员工勤奋工作，却从不给予嘉奖，那就别想员工会有向心力了。除此之外，在事业上，写文章的人要豁达，才能写出胸怀宇宙大地的涵养；为政者要豁达，才能不计私利，顾全大局；为人师者要豁达，才能倾囊相授，作育英才。

什么是豁达的人生呢？怎样才能有豁达的胸襟呢？一、知足乐观，不怨叹。二、心胸坦荡，无所求。三、接受事实，不恼怒。四、看破放下，不计较。

孔子游泰山时，名士荣启期正悠然漫步于鲁国的郊野，他身穿布衣，腰系草绳，一面弹琴，一面唱歌，一副怡然自得的神情。孔子上前问道："你为何能这么快乐呢？"荣启期回答："值得我快乐的事太多了。天下万物，以人最为尊贵，而我得以为人，当然快乐；有的人一出生就看不见日月星辰，有的人一出生还来不及享受人生的乐趣就夭折了，而我已经活了九十岁，怎么能不快乐呢？贫穷是人间的平常事，死亡是人生的终点，我只要让心情保持在安和的状态中，直到人生旅程的终点，又有什么好忧虑的呢？"孔子听了，赞叹道："好极了！你真是一个豁达的人！"

心胸豁达开朗的人，凡事看得开、看得远，不被眼前利益所蒙蔽，当然容易有成就；心量狭隘自私的人，处处与人计较，琐碎小事就能扰乱他的心志，成功的可能性也就相对减少了。

生活里，有的人汲汲营营于物质的丰富，做了物质的奴隶；有的人为了名位显达，不惜一切营私舞弊。其实，每个人所拥有的岂止这么些？只要开启胸怀，意念所至，天地都在我们的心中！

现实生活里，每个人都希望自己的人生过得开开心心，但总会遇上那么一点小波澜，唯有用豁达的胸襟面对，才能让生活充满朝气。因此，人在拥有时，应该感恩知足；名利当前，不急于出头；烦忧扰人，不过于着眼；与人相处，不比较计较。如此"身稳如山岳，心静似止水"，人生自当其乐无比！

·佛光菜根谭·

人生之所以烦恼丛生，往往在于所知太多，
无法消解，所以有时需要装聋作哑；
人生之所以痛苦颠倒，常常在于我执太强，
不能放下，所以有时应该难得糊涂。

善知识

返本还源便到家，亦无玄妙可称夸。
湛然一片真如性，迷失皆因一念差。
——明·浮峰普恩

人生的站点

英国首相劳合·乔治有一个习惯——随手关上身后的门。“你有必要把这些门关上吗？”朋友问。“哦，当然有这个必要。”乔治微笑着说，“我这一生都在关我身后的门。这是必须做的事。当你关门时，也将过去的一切留在后面，不管是美好的成就，还是让人懊恼的失误，然后你才可以重新开始。”

摘引自《名人轶事》

人生像一艘船，在海洋里漂呀漂，但总要有一个码头可以停靠，因为靠站才能运补。就算搭乘飞机，也要有航空站可以转机，也要有机场可以起飞和落地。

我们居家，家庭是我们的起站；我们就业，公司是我们的工作站；我们出差，住宿的旅店是我们的休息站；我们有什么诉求，需要求助于咨询站。站是人生路上的一个小点，但这个小点的站，对人生而言非常必要，假如世间少了这许多的站，我们要停靠在哪里呢？兹就人生路上的站，约略一说：

一、加油站。人生的道路是漫长的，在漫长的道路上需要加油站。不管你乘坐的是什么车辆，加了油才能跑更远的路。例如宗教道场就是我们的加油站，因为人生的路走得疲倦了，需要加油，需要鼓励，需要增强力量，人生才更有希望，更有动力地往前迈进。因此，交通车需要加油站，人体的这部机器也需要一所能经常打气的加油站。

二、休息站。即使是油料十足，但人生的路上总不能早晚不停地奔驰，总要有个休息的时刻，所以需要休息站。到了休息站，可以吃个餐饮，买些零食，作各种方便，乃至散散步、伸伸腰、活动活动筋骨，这是出外在旅途上的人都需要的。平时我们居家，家庭就是我们的休息站，在家庭里有三餐供应，有床铺可以睡觉。在家里，可以看一本书、读一份报，就是唱唱歌，也没有人会来干涉你，所以家庭是每个人最好的休息站。

三、供应站。我们在高速公路上，不但需要加油、休息，有时候还需要有供应站提供各种服务，采购各种所需。例如现在的机场都有驿站，供应人们盥洗、理发、采购，让在旅途上奔波的人们获得各种方便与服务。现在我们在士农工商各个行业工作，也就是从事供应站的服务。所谓服务的意义，就是“人人为我，我为人人”，我能在供应站里供应社会人生各项所需，为大家服务，大家因为我的服务而得到了方便，我也因为大家的缘分而得以生存，得以发展。人生就是靠这些供应站的因缘，相互服务，才能共同生存。

四、接驳站。人生的路也不是一个人走的，先是我们的曾祖辈，然后是我们的祖辈、我们的父辈，乃至我们及我们后辈，一代一代的人在人生路上传承接力。就好像现在的运输，有时候也需要接驳。从台北要搭乘高铁，先要坐出租车到高铁站，到了目的地，还要有家人来接，通过接驳，才能一站一站地一路通行。

人生的站很多，有时还会遇到检查站、收费站等。人生的站带给我们方便，偶尔也难免会带来不便，但是人总要有勇气通过人生的驿站，一步一脚印地往前行走。这就是人生。

· 佛光菜根谭 ·

在人生的旅途上要站得住脚，要禁得起考验，
必须对自己所想、所言、所愿负责，
随缘应物，虽千钧加顶，也能举重若轻。

人生的供应

有“经营之神”美誉的松下幸之助首创了电话管理术，经常给下属，包括新招的员工打电话。每次他也没有什么特别的事，只是问一下员工的近况如何。当下属回答说还算顺利时，松下又会说：“很好，希望你好好加油。”这样使接到电话的下属每每感到总裁对自己的信任和看重，精神为之一振。

摘引自《决定一生的99个简单法则》

李白的《春夜宴桃李园序》说：“天地者，万物之逆旅；光阴者，百代之过客。”人生都是世间的过客，是孤独的旅人。在人生的旅途上，有资粮才能走长远的路。就等于汽车可以开往世界各地，如果油料不继，也是无可奈何。所以人生百年，你想要到达自己所定的目标，就必须事先预备好加油站，才能供你长途旅行。什么是人生的加油站呢？

一、善知识的指导。我们出外旅行，首先要知道前途的地理方位，要认识当地的历史风情，要了解有关的食宿资讯，所以善知识是我们旅途上最要具备的加油站。我们从善知识那里得到指导，才不至于盲目莽撞而走岔了路。善知识在那里？凡是能提升我们的信心、道德，能鼓舞我们的勇

气、毅力，能为我们确定前途的目标、方针，就如佛陀说“我如善导，导人善路”，这就是我们的善知识。世间的良师益友都是我们的善知识，世间的好因好缘都是我们的善知识。在善知识的善缘好缘引导下，我们加足了油料，前途就没有什么可畏惧的了。

二、家人的合力。我们在人生旅途上创业发展，首先要取得家人的支持，要注重家中分子的同心协力，因为父母的一句鼓励、兄弟们的一个意见、家族的一个拥护，都是我们前进的力量，都是我们油料的能源。

三、社会的因缘。大自然里，从太阳能到水力、风力、石油，都能供给我们能源。此外，社会也可以成为每一个人的加油站，例如图书馆提供我们图书、资讯，充实我们的知识，增加我们精神、心灵的能量。我们的大众媒体每日提供新闻，演艺人员提供娱乐，工商大众提供生活所需，这一切可以说都是我们能源的补给站，我们应该感谢一切大众提供的因缘，因为有他们，才能让我们的人生处处都有加油站。

四、学校的教育。从小，我们进入学校读书，老师就像园丁一样，小心翼翼地灌溉，照顾每一株幼苗。我们有了错误，老师纠正我们；我们有了不足，老师帮助我们增补。我们开车进了加油站，就知道要加三十公升、六十公升；我们到学校里加油，小学、中学、大学、研究所，加的油愈多，在人生道路上的马力愈足，走的路途愈远愈快，所以人生的旅途要把油料加足，未来才能放眼天下。

五、宗教的信仰。人生旅途的加油站，当然还是以宗教信仰最为重要。一间寺院，在我们遇到挫折，心灰意冷的时候，进入礼佛拜拜，可能重新找到奋斗的勇气。假如在道场的佛堂里，听了几句甘露法语，可能人生的观念改变了，这就好像汽车补足油料一样，又能开拓人生的境界。尤其寺院道场里，有善知识的鼓励开导，有亲如家人一般的同参道友相互提携，有社会的善因好缘助成，有学校般的教育养成。

油是人生的能源，是人生的动力，是人生的营养；不只是世界强国赖以强大的后盾，也是每个人所应具备的能源。你走路走不动了，有人鼓励你要加油；你说话说得不好、做事做得不当，也有人叫你要加油。加油就是对我们的勉励。一个人能发挥自己的潜能，训练自己的灵巧，跟平常的加油一样，同等重要。

· 佛光菜根谭 ·

有远见者，看未来而不看眼前；
有抱负者，积德业而不积盛名；
有作为者，争千秋而不争一时；
有弘愿者，为大众而不为自己。

四季人生

一位著名心理医生在即将退休时，总结出对人生影响最大的四个字："要是"和"下次"。他说，有许多病人把时间花在后悔上，总是说那次要是能如何如何就好了。他们沉湎于懊悔中不能自拔，造成精神上的巨大消耗。矫正的方法其实很简单，只要把"要是"改为"下次"就行了。一旦事情办糟了，应该对自己说："如有机会，下次我一定要办好。"

摘引自《哲理故事三百篇》

人有生老病死，气候有春夏秋冬。拿四季来比喻人的一生：春天百花盛开，充满无限生机，就像年少岁月，灿烂美好；夏天艳阳高照，万物欣欣向荣，就如满怀理想的青壮之年，热情奔放；秋天落叶飘零，大地一片萧条，象征老病人生，寂寞悲凉；冬天冰雪覆盖，凄凄岁暮残冬，正如人生之最后，逐渐萎谢而亡。

人之一生，有生老病死，恰如一年有春夏秋冬四季，确实相仿。人间因为四季更迭而变化多彩，人生也要像四季一样活得丰盛。如何才能活出丰富多彩的四季人生呢?

一、生命要像春天，繁花似锦。人到世间来，童年时期有父母呵护，生活无忧无虑；及至青春年华，广交朋友，两性相爱，充满了理想。此时体力、精神都无比旺盛，虽不能呼风唤雨，但只要勤劳，世间的衣食总可温饱。然而生命的意义不能只为三餐温饱，应该让生命活得像春天一样，所谓“微雨众卉新，一雷惊蛰始”，春天的生命前途似锦，应该尽情挥洒，让似水的年华岁月充满爱，有爱的生命才有希望，才能生生不息。

二、性格要像夏天，热情助人。人的生命要活得像夏天，充满盎然生机，尤其性格要像如日中天的太阳，热情奔放，为世界奉献，为众生服务。一个性格像太阳一样的人，可以光照十方，让万物在阳光普照之下，跟着欣欣向荣；一个有阳光性格的人，清晨可以欣赏朝日，黄昏可以观看夕阳。即使是日正当中，也可以在树下乘凉，所以热情奔放的人生，可进可退，当然是可喜可贺的人生。

三、行为要像秋天，沉稳内敛。春天、夏日过去了，秋天就会来临，这就如同人生经过了数十年岁月的磨炼，生命到了中年以后，思想行为都到了成熟的阶段，也如五谷果实到了秋天，慢慢成熟。人生经过了岁月的洗练，到了成熟的阶段，就知道如何传承利世，如何用自己的成就，所谓“果实芬芳”来分享人间。秋天的人生，不要悲伤年华老去，其实人生的精华、人生的意义，就在秋天成熟的岁月。即使年届退休，也有“退而不休”的二度春天。例如，过去是忙自己的事业，忙着照顾家庭；现在退休了，正好可以做社会的义工，可以更广泛做善事。此时的人生，由于自己的智慧经验丰富，所以一日的生命可以胜过他人许多的岁月。

四、思想要像冬天，成熟稳重。人生到了冬天，思想臻于成熟的阶段，可以环游世界，广增见闻；可以含饴弄孙，增加欢乐；可以著书立说，立功、立德、立言。人生到了冬天，不要以为是老之将至，其实冬日是功果圆满之时，只要留下的功果可为世人所爱，即使花朵枯萎凋谢，但种子埋藏在土里，还怕没有萌芽、成长的一天？还怕生命不能再起吗?

无门禅师说：“春有百花秋有月，夏有凉风冬有雪；若无闲事挂心头，便是人生好时节。”人只要能随缘自在，四季无不是风光霁月，晴空朗照。

·佛光菜根谭·

世事无常，诸相皆空。
如果我们有颗平常心，世间的一切，
有也好、无也好，都看作镜花水月。
有，固然可以生活无忧；
无，也可以心灵自在，深入体会无限、无边、无量。
得也好，失也好，能得是福气，失去是结缘。

追 随

晏子手下有个叫高缭的，为官三年，从没做过什么错事，一天突然被晏子免职了。左右的人觉得晏子这样做不合情理，前来劝阻。晏子解释说："我是个有很多缺点的人，正如一块弯弯曲曲的木料，必须用规矩来定方圆，要用斧削凿啃，才能造就一件好器具。我手下的人就应像这些规矩斧凿，帮我去掉那些不能成器的地方。高缭和我一起做事整三年了，对于我的缺点过错，从来没提出过任何批评意见。高缭只是一味顺从我、称赞我，这对我更好地工作又有什么好处呢？非但没有，反而有害。所以我决定辞退高缭，原因正是你们所说的'高缭无过'。"

摘引自《春秋故事》

社会上，德高望重、才学兼备的人经常是大众追随的对象。追随，以现代的语言来说，就是我追随善知识、追随一位长官，乃至追随我的一位同学、一位朋友。

人生在世，不能单独存在，不能靠自己单打独斗而成功，一定要靠因缘际会，所以人与人之间，有时是别人来追随我，有时候我也去追随别人，随情况而定。你有条件，我追随你，我有办法，你追随我，追随来追随去，人之常情，不足为奇。问题是，在我们追随了对方以后，会有什么样的结果？我追随一位政治家，必定要搞政治；我追随一位军事家，必定会参与战斗；我追随一位旅行家，就要跟他出外旅游；我追随佛菩萨，就只有学佛做佛教徒了。

人要有对象可以追随，才有机会学习成长，那么我们应该追随什么人呢？

一、追随亲族长辈。中国人都主张敬老尊贤，如果自己的亲族长辈你都不尊敬，目中无人，是会被人看不起的。汉高祖的儿子刘盈，所以取得皇位，就是因为听从参谋人员的建议，经常访问商山四皓，让汉高祖感佩。年轻子弟懂得尊敬长上，确实会增加自己的品德，也容易为人所接受。

二、追随仁德圣贤。人不能不崇拜偶像，见贤思齐，如果追随善良仁德的人，必然有善良仁德之心，此即所谓“近朱者赤，近墨者黑”。古来多少人万里投师，就是为了找一位自己心仪的善知识作为学习的榜样。一个年轻的学者，如果心目之中都没有圣贤，都没有崇拜的偶像，则此人必然目空一切、桀骜不驯，如此想要谦恭有礼，虚心好学，将来能有所成，此实难矣！

三、追随有识学者。儿女要依赖父母，学生要依靠师长，年轻人的前途要靠有识之士的提携。因此，聪明的父母不但为儿女找寻好的朋友让他结交，乃至要帮他找个有识之士跟其学习，必能受益。《四十二章经》说：我们跟五百个人布施结缘，不如和一个有学问的人亲近；对五百个有学问的人恭敬布施，不如和一个有思想有实践的圣贤来往。由此可见，吾人在成长过程中要靠大善知识给予教导指示。所谓“明师难遇”，过去的年轻人，遇到一位有识之士，追随其左右，一学就是十年二十年，数十寒暑不离师门，最后终有所成。慧远大师在庐山三十年，多少学者聚集；慧忠国师在南阳四十年，多少学人参访。追随有道之士，不计时间长短。

四、追随权势富贵。有的人不追随圣贤，也不追求自己的理想，只是心外求法，追随荣华富贵。贪恋荣华富贵的人在有钱人前面只会感到自己卑下，在有权人面前也会感到自己微小，所以益发羡慕权势富贵，到最后被权势富贵牵着鼻子走，找不到自己。所以，吾人能追随圣贤、善知识最好，不能的话，也得要追随自己的良心、自己的理想！

·佛光菜根谭·

养心要如明镜止水般澄澈，
立身要如嵩岳泰山般崇高，
处世要如青天白日般坦荡，
待人要如光风霁月般和煦。

一步一脚印

弗兰克·伍尔沃斯是美国著名的商品零售高手，他于1879年开办了美国第一家零售店。在此之前他生活非常贫困。他沿着镇里的店铺挨家访问，想谋求一份店员的工作。后来，他到了一家布料店，老板认为他没有经验，不能接待客人，令他大清早到店里升炉火，然后擦窗子、送货，半年内不能领薪水。伍尔沃斯说自己在农场工作了十年，存了五十美元，只能维持三个月的生活，那么至少从第四个月开始，付他日薪五十美分吧！老板答应了，条件是每天必须工作十五小时。一年后，伍尔沃斯用借来的三百美元开设了一家商品零售店，销售的全是五分钱的货物。十几年后，他建造了当时世界第一高楼——伍尔沃斯大厦。

摘引自《名人轶事》

“一步一脚印”，这是现代流行的语言，尤其每到竞选时期，总有部分候选人一再强调自己是一步一脚印走出来的，表示自己是脚踏实地型、苦干实干型的人物。

“一步一脚印”其实是说明一个人曾经留下的历史不容抹杀；“一步一脚印”是勉励一个人，曾经有过的努力成就自然会看在社会大众的眼中；“一步一脚印”是记录一个人在磨难中，奋发向前、向上、向真善美的过程中所留下的痕迹。“一步一脚印”，不是自己说了算数，而是要经过大众的公认、肯定。

过去有人说，路是人走出来的；人生就是要靠“一步一脚印”，才能把路走出来。人在走路的时候，一定要先放弃后面的一步，才能向前一步。如果你不肯将脚步提起，不肯向前跨出，你怎么会有前途呢？俗语说“不怕慢，只怕站”，多少人因为固执，因为保守，没有“一步一脚印”，怎么能有成就呢？

有人说：“我走过的桥，比你走过路还多。”人生漫漫长途，走过长远的路固然很好，但是你留下了什么脚印呢？你曾经想过吗？你走出的是泥泞里的脚印呢，还是沙土里的脚印呢？是荆棘里的脚印呢，还是凹凸不平的脚印呢，还是康庄大道上的脚印呢？

“一步一脚印”，有的人在前面走着，后面有人跟着；有的人在前面走着，后面有人看着；有的人在前面走着，后面有人赞美着；还有的人在前面走着，后面有人在责难批评。

“一步一脚印”，你留下的是什么脚印呢？家庭里，子女在看着父母的脚印；学校里，学生在看着老师的脚印；公司里，部下在看着长官的脚印；在国家，人民在看着政要、学者、专家的脚印。

聪明的人儿，你检查过自己的脚印吗？你有慈悲的脚印吗？你有智慧的脚印吗？你有惭愧的脚印吗？你有感恩的脚印吗？你有圣贤志士的脚印吗？你有光明磊落的脚印吗？

世间没有通往成功的电梯，你必须“一步一脚印”地拾级而上。历史，就是前人“一步一脚印”所留下的足迹，我们踏着前人的足迹前进；未来，我们也应该为后人留下模范，让我们的脚步引导下一代，“一步一脚印”地走向光明的未来。

· 佛光菜根谭 ·

每一个人都是自我生命的艺术家，
可以彩绘自己的人生世界；
每一个人都是自我生命的工程师，
可以塑造自我的美好形象。

善　人

楚军与晋军在鄢陵交战，一连几天相持不下，楚恭王身负重伤，鸣金收兵。大将军司马子反又累又渴，一回到营帐就嚷着要喝水。仆人阳谷对主人忠心耿耿百般爱护，即刻搬来一坛酒让子反解渴。司马子反向来嗜酒如命，拿起酒杯便不醉不休。半日后，楚恭王准备再开战，派人去催司马子反，子反醉意沉沉，鼾声大作，不能起床。阳谷对来人说子反胸口痛，不能出战。恭王十分着急，亲自到帐中探望，却闻到浓烈酒味，气得脸色发紫。阳谷后悔，求恭王原谅，自己愿替子反顶罪。恭王冷笑："你作为仆人，只知道娇宠自己的主人，你的罪过也不轻。而子反作为国家大将，误了国家大事，你顶替得了吗？"楚恭王回朝，按军法将司马子反斩首示众。

摘引自《春秋故事》

每个人都希望自己做好人、善人，但是好人、善人也有条件。怎样才是善人呢？

一、要有善良的语言。有的人讲话如刀如剑，刺伤人的尊严，给人痛苦，这是缺德，不算善言。善良的语言要像寒冬的阳光，像春日的花香一样；说话能给人尊重，给人欢喜，给人安慰，给人鼓舞，能够去除恶意，给人间带来向上的动力。

二、要有善良的行为。光有善良的语言还不够，善人还要有善良的行为，能够为人服务，助成别人的好事。别人找不到东西，双手助他一下；别人不能到达目的地，为他多行几步路。有义工的精神，有利他的发心，就是善良的行为。

三、要有善良的容颜。除有善良的言行之外，还要表露到自己的脸上来。一般说"慈眉善目"、"满面祥和"，像观世音菩萨就是以"慈眼"视众生，所以能够脸带笑容，所谓"面上无嗔"，那就是最好的供养了。

四、要有善良的事业。一个善良的人，一定会从事一些善良的事业，做很多善良的行为，才能造就他成为善良的人。修桥铺路是善良的行为，为人点亮暗夜的明灯也是善良的行为。像现在的急难救助、鳏寡孤独的扶持、设立慈善机构、从事各种建设、推动教育的普及等，凡是有益国计民生，能够造福人群，那就是善良的事业。

五、要有善良的心念。做一个善人，"诚于中，形于外"，先从善的心，也就是从根本的心里出发，举心动念都是可昭日月。所谓不欺暗室，所谓见义勇为，都是善良的心意。常有人说"天人交战"，表示自己的善心还没有训练完成；有人见利忘义，也是表示心念训练不够。人心就像一个世界，你能把内心的世界建设成好山好水，规划成好的建设，自己就会跟着心安理得了。

六、要有善良的规范。所谓国有国法、家有家规，都有好的规范。其实，家国的规范还是要从自我的健全做起，所以儒家的士子要注重"四维八德"，佛教的信徒要奉行"五戒十善"，乃至其他宗教也都讲究"修身齐家"，自我规范。乃至童子军要规范自己"日行一善"，好学生要规范自己用功做人，为人儿女要规范怎样孝顺父母，有了家居要规范如何利益乡里，开设工厂要规范好里面的运转，经营农业要规范好四季的种植。总之，"凡事预则立，不预则废"，你不依规矩，就不能成方圆；一个人有了自我的规范，还怕不能成功立业吗？

· 佛光菜根谭 ·

修桥铺路，是给予大众的方便；
说法度众，是给予他人的成长；
不生恶念，是给予自己的净化；
常行善事，是给予社会的美化。

人生守则

一个学者拜访朋友，在附近的一个小公园散步。当他们坐在一个长凳上聊天时，清洁工过来把朋友脚下的一块香蕉皮扫走了。朋友很有礼貌地说了声“谢谢”，那清洁工却冷着面孔，不发一言。清洁工走后，学者说：“这家伙态度真差，是不是？”朋友说：“他对每个人都这样。”学者问：“那你为什么还对他这么客气呢？”朋友回答：“为什么我要让他来影响我的行为、破坏我的心情呢？快乐的钥匙是掌握在我自己手中的啊！”

摘引自《哲理故事》

早在数十年前，一般学生都背过《青年守则》，例如助人为快乐之本、学问为济世之本、和平为处世之本……现在我也试为人生列举守则八条，提供参考：

一、惭愧知耻。人之所以异于禽兽者，因为人有羞耻之心；如果不知惭愧，不知羞耻，则与禽兽无异。所谓“惭”者，是怕自己对不起国家、社会、父母、众人；所谓“愧”者，是自觉对不起儿女、恩人。所以，惭愧如同美丽的服装，一个人穿了惭愧知耻的服装，人身才能庄严。

二、敬业乐群。人生必须有一份正当的职业，对工作要存有敬重之心。尤其工作时，必须与很多人互动合作，所以在群众之中一定要与人和乐相处，不可有我无人。懂得敬业乐群的人，人生才能一帆风顺。

三、感恩图报。人在世间，所以能够生存，是靠着大众的因缘共同成就，所有帮助我们生存的人都是我们的恩人。父母生养我们、师长教导我们，士农工商、社会大众供应我们的衣食住行等生存所需的条件，他们都是我们的恩人，我们怎能不感恩回报呢？

四、特长专才。人生在世，不能随波逐流，胡混时光，生命是一份责任，所以每个人都要学有专长。具备各种专业才能，在社会上才会受人重视；没有专才、特长，像水中浮萍，潮来潮去，像球场上的足球，任人踢来踢去，岂不悲哀？

五、正派做人。做人不要耍小聪明，不要有太多的心机计较，应该要正正当当地做人。社会上各行各业哪一个不需要正派做事、工作呢？舆论要正派，政治要正派，金融要正派，各行各业都能正派，则国家社会怎么会不可爱呢？

六、工作负责。人不能没有工作，否则就是无业游民。但是，有工作也不能胡混度日，必须要负起责任。人生就是要负起社会给我们的使命，所以建立工作的责任感是人生之要。

七、守道忠诚。人生不一定要守财，财是流动的；人生也不一定要守物，物也是无常的。人生最好是守道。道者，忠诚的人格也！对国家领导者尽忠，对社会友好者诚信，如此才能做个健全的人。

八、勤奋廉洁。人生光是勤奋工作还不够，能有廉洁的操守更为重要。国家的政风败坏，皆由于贪污；财经问题，也是由于主其事者不能廉洁自持。现在社会道德良知沦丧，到处能骗则骗，能贪则贪，每天打开电视、报纸，都是关于贪污腐败、杀盗偷抢的负面消息，不免令人感到忧心。改善之道，唯有从上到下人人崇尚清廉。

在佛教里有“八正道”，就如《青年守则》一样，是每位佛子应该奉行的规范。上述的人生八守则，如果人人都能奉为做人处事的座右铭，必定人格清白、道德无瑕，则人生的完美尽在其中矣！

·佛光菜根谭·

就事论事，这是用人的原则；
通情达理，这是处世的准则；
荣辱与共，这是交友的法则；
生死无惧，这是生活的理则。

不　动

老子说："上善若水。水善利万物而不争。处众人之所恶，故几于道。居善地，心善渊，与善仁，言善信，正善治，尹善能，动善时。夫唯不争，故无尤。"老子认为，有道德的上善之人，有像水一样的柔性。水的柔性是怎样的呢？水性柔顺，明能照物，滋养万物而不与万物相争，有功于万物而又甘心屈尊于万物之下。正因为这样，有道德的人，效法水的柔性，温良谦让，广泛施恩却不奢望报答。

摘引自《诸子译读》

在佛光山的大雄宝殿，有湖南才子张剑芬所作的"三宝佛"对联："兜率娑婆，去来不动金刚座；琉璃安养，左右同尊大法王。""不动金刚座"就是释迦如来，如如而来，如如而去，不来不去，不去不来，名曰"如来"。因为如来，因此不动金刚座。

佛教昭示人，最重要的就是"不动心"。一个人为声色所动，生命就在声色里，为钱财所动，生命就在钱财里；为权势而动，生命就在权势里。所以，佛教要人修炼成“不动心”，就能自由自在了。

人生要怎样展现“不动”的定力呢？

一、不因位高而动权势。世间不能免的就是地位阶级。印度是一个阶级极为森严的国家，到现在被视为贱民阶级的还有几亿人口。中国过去也有士农工商的分别。当然，在政治上有显赫地位的人就会有特殊的权利，假如能不因地位崇高而滥用权利，表示这个人平民化，没有身段。地位虽高，然而能融入群众之中，一般百姓看这种人就把他们视为上等人。

二、不因得意而动原则。每一个人都有自己的原则，既有好的原则，就不能随意变动。例如，过去国人都以忠义为原则，以诚信为原则，以福国利民为原则。但也有人因为处境不同，因而更改做人的原则。例如一时得意，交到一个显赫之人为朋友，就改变对家庭应负的责任；有的人一时获致许多钱财，就改变生活简朴的原则。其实，得意、富贵是一时的，原则应该是一生不变的坚持。

三、不因失败而动志节。人生如战场，有胜有败：战场上的胜败是兵家常事。同样，人生也有各种际遇，情场上有胜败，名利圈里也有胜败。有时候失败潦倒，有时候春风得意，重要的是失败不气馁，不可以随便改变自己的志节。失败不要紧，只要坚持志节，终有再起的时候：假如动摇信心，失去志节，那就一蹶不振了。

四、不因嗔怒而动手脚。听人讲话，一不高兴，自己拔腿就走；跟人对话，一言不合，一拳打去。经常为了生气而拳打脚踢，表示自己沉不住气，手脚于是跟着情绪起舞。假如能修养到一定程度，喜怒不但没有动作，也不会形于色，不但不会形于色，而且不记于心。能够先用理智控制自己的手脚，再用修养控制理智，就不会被嗔怒所动了。

五、不因情急而动神色。许多人沉不住气，容易气急败坏而动怒。做人要能不动如山，不动是很大的修养。

·佛光菜根谭·

毁誉不动于心，可谓参透人生；

喜怒不形于色，可谓修养到家。

水的启示

最古老的哲学、音乐、诗歌无不从流水中得到启示。水，它滋润万物，它哺育生命，它转动水车，它驮载风帆。水的神韵，绵绵无尽。外国的哲人说："一切皆如流。"中国的孔子叹道："逝者如斯夫。"

摘引自《哲理散文》

阳光、空气、水，这是人生三件宝。

地球上，只要有空隙，阳光都能穿透照射；只要有空间，空气都能吹拂充塞。只有水，虽然黄河、长江、海洋的水很多，但有些沙漠地区始终少水，一般地区也会干旱成灾。所以，有水的地方才有文化，有水的地方才有金钱，有水的地方才有万物。

水有四德：沐浴群生，流通万物，仁也；扬清激浊，荡去滓秽，义也；柔而难犯，弱而能胜，勇也；导江疏河，恶盈好谦，智也。

水有仁义智勇四德，水也会泛滥成灾，成为祸害。如污水便令人头痛，洪水更会带来灾害。即使是女人眼里的泪水，也不能小看它的力量。过去的美女，一笑一泪，都能决定世界的幸福与灾害。

有人说水清鱼难养，因为有一些小人总喜欢浑水摸鱼。所以，有人用油与水来形容小人与君子的性格：油的滑腻浓稠是小人，水的清白恬淡就是君子；水可以使不洁的成为清洁，油则使清洁的变成不洁。

人的性格就如同水，君子之交淡如水；与有的人相交，不能成为甜如蜜，就会成为祸如水。

人要学水。水有水的原则，水可以自己流动，它也能让其他的东西随着流动；水能自己找到进路，不求于人；水遇到阻碍，它能百倍于此地打倒阻碍它的力量；洗涤污浊，更是水的特点。

"水深波浪静，学广语声低。"这是有修养的人用水来勉励自己。水的性格能高能下，能进不退；水能载舟也能覆舟，水滴可以穿石。佛教经常用佛法来比喻“法如水”，因为水的功能可以解渴、洗涤、生长；而佛法的法水也能洗涤吾人的罪业，真理能解除人的饥渴，有了佛法，自然界欣欣向荣，和谐相处。

山有多高，难以测量；水有多深，很容易知道。因为水愈浅，流愈急；水愈深，波愈平。做人要能容纳百川、察纳雅言，不要随风起浪，不要意气吹皱一池春水；能够心如止水，平静无波，最为高尚。

做人处事要能如“水”——遇山水转，遇石水转，遇岸水转，无论遇到谁，我转！因此在人生旅程上，何妨委曲婉转，流出我们自己的独特流域，流出我们自己理想的曲线！

·佛光菜根谭·

水能自己活动，也推动别人；
水能婉转自如，而委曲求全；
水能寻找方向，更不断延伸；
水能洗涤污垢，又清净自在。
水滋润了万物，使其生气蓬勃；
水汇合了百川，成就广大宽宏。

做什么样的人

三间茅屋从来住，一道神光万境闲。
莫作是非来辨我，浮生穿凿不相关。
——唐·龙山

自我建设

范仲淹早年在一座寺庙里读书，偶然发现了一堆金子。他当时很穷，每日以粥糊口，但他完全不为所动，顺手把它埋好。后来，这个寺庙的人知道他功成名就，去找他化缘。范仲淹说那他就捐多少多少钱。左右的人很惊讶：“你现在根本没有这么多钱啊！”他说，到寺庙里的某角落去挖，那里有一袋金子。派人去挖，果然还在。

摘引自《小故事大智慧》

一个国家，有了文教建设，社会才能和谐有礼；有了经济建设，地方才能繁荣发展；人，也要自我建设，人生的道路才会宽广，生命才能更加有意义。

所谓自我建设，就是要自我厚植力量、自我开发潜能、自我学习成长、自我建立信心、自我更新观念、自我革除陋习、自我培植因缘、自我开创机会、自我成功立业等。

社会上，一般人好像失去了自我，都是心向外求，一心希望别人的帮助。一切仰赖别人，一旦失去资助，顿时丧失前进的力量，所以人要靠自我建设，要做自己的工程师，自我规划人生，活出真正的自己。

然而有些人就是不懂自我建设，反而自我破坏、自我毁灭，例如糟蹋健康、浪费时间、不结人缘、放弃机会、懒惰懈怠、消极颓唐、逃避现实等。多年前美国有一位溜冰选手，为了赢得金牌，雇用杀手伤害竞赛者，结果金牌没有到手，反而官司缠身。这种以打击别人来成就自己，不但害了别人，也害了自己。所以自我建设最重要的就是从心理建设做起。

兵法上有谓“心防重于国防”，心理上的自我建设就是要建立正确的思想、观念、道德、人格；尤其要建立信心，要自我肯定：肯定自己的学问、能力、发心、慈悲等。此外自我尊重、自我自强、自我开始，都是自我建设的重要课题。

吾人要经常自问：我的道德健全了没有？我的语言美化了没有？我的功劳完成了没有？所谓人生三不朽事业，正是自我建设的最终目的。故而吾人应以“先天下之忧而忧，后天下之乐而乐”为主，而非“破坏他人，成就自己”。

·佛光菜根谭·

事事肯放过他人则德日升，
事事不放过自己则学日密。

以身作则

王阳明带着学生在街上行走，看到两个妇女在路边吵架。甲妇骂乙妇："你没有良心！"乙妇说："你不讲天理！"甲妇回敬："你才没有天理呢！"王阳明于是对学生言道："小子，你们来听道呀！"学生说："老师，她们是在相骂，不是在讲道呀！"王阳明说："曰天理，曰良心，非讲道而何？天理良心用来要求别人是相骂，要求自己就是讲道！"

身教重于言教。在各种的教育法当中最好的教育就是以身作则。不能以身作则，如何要求别人呢？富兰克林说："一个良好的示范，才是最佳的训词。"所以，以身作则才是教育。季康问政于孔子，孔子对曰："政者，正也，子帅以正，孰敢不正？"意思就是说，只要在上位的领导人行得正做得正，下面的风气当然也会正了。

一场战争，将领能够身先士卒，才能胜利；老师讲学讲道，要能躬身实践，才能为学生所信服。父母长辈教育子弟都要以身作则，如果自己天天在外应酬，却叫儿女天天待在家里，儿女怎肯听话？父母如果烟酒样样齐来，却叫儿女不准抽烟喝酒，儿女怎肯服气？现在很多的青少年行为偏差，并不完全是青少年的罪过，做父母的也应该检讨。父母说谎，却叫儿女诚实，父母自私悭吝，却叫儿女要服务奉献，儿女怎肯听话呢？

某学生偷了同学的铅笔，老师认为这种偷盗的行为很不好，就向家长反映。家长即刻给儿子两个耳光，骂道："你真是莫名其妙！你要铅笔，我可以从办公室带回一打给你，为什么你要偷同学的？"像这样的教育，怎么能教出行为正派的儿女呢？

现在社会上的政治人物贪赃枉法，如何叫老百姓守法？公务员官僚自大，民间的风气怎么会端正善良呢？证悟了的佛陀，曾亲自为患疾的弟子倒茶端药，也曾为年老的弟子穿针引线，这都是以身作则，以为慈悲助人的示范；乃至到了八十高龄，他仍然在外托钵乞食，精勤不已，如此身教，弟子怎么会不精勤修道呢？

所谓上行下效，能够以身作则，才能为人模范，才能做好领导！

·佛光菜根谭·

君子之德风，
小人之德草，
草上之风必偃。

不能讲

国王梦见自己的牙齿都掉了，一觉醒来，召智者甲来解梦。智者甲说："陛下，你很不幸，每掉一颗牙齿，你就会失去一个亲人。"国王大怒："你这大胆狂徒，胡言乱语，给我滚出去！"国王又找来智者乙，智者乙说："陛下，这是一个吉祥的梦，意味着你比你的亲人更长寿。"国王听完后，命人奖赏他一百个金币。智者乙走出宫殿时，侍者走过来说："真是不可思议，其实你同第一位说的是一个意思，为什么你会得到奖赏？"智者乙说："一切都是由表达方式决定的。"

摘引自《智慧故事》

讲话就像泼水，泼出去的水无法再收回，讲过的话也一样收不回来，所以一句话出口前不能不慎思。讲话是一门艺术，即使讲好话，也要顾虑不能洗脸碍了鼻子，你讲这个人好，得罪了那个人，话就讲得不够高明了。讲不好的话，让双方听了都不高兴，当然就更不能讲了。

一、丧志的话不能讲。人生应该接受别人的鼓励，即使没有人为我打气，也要自我鼓励。不鼓励自己的志向，反而讲些丧气的话，当然就会自甘堕落。

二、负气的话不能讲。人在生气时，往往不自觉地讲出负气的话来，有时是伤害别人，有时也伤害了自己。人在受气的时候最好是保持冷静，不要随便发言，因为气头上所说的话往往很难听，因此不能讲。

三、抱怨的话不能讲。人在不满意的时候经常说出一些抱怨的话，怨恨主管，怨恨朋友，乃至怨恨家人。你经常讲抱怨的话，被别人听到以后借题发挥，搬弄是非，说你要对付这个人，要对付那个人，最后自己自食苦果，何苦来哉！

四、损人的话不能讲。有的人轻浮，对人不够尊重包容，经常在言谈之间讲些损人的话，有时候是损人利己，有时是损人不利己。语言损人是一时的，但自己的人格被人看轻，所受的伤害是永久的。

五、自夸的话不能讲。有的人在言谈之间喜欢宣传自己、自我标榜、自我夸大，别人听了必定不能认同，所以自我夸大并无实益，反而自我损伤。人要伟大，必须做出一些伟大的事业；伟大是要别人讲的，不能自我称大，自我还是谦卑为好。

六、不实的话不能讲。佛教的“五戒”，“妄语戒”是其中之一。妄语就是“见言不见，不见言见，是的说非，非的说是”，也就是所谓说谎，是不实在的话。

七、机密的话不能讲。人事之间都有很多机密，包括家庭的、公司的，业务有业务的机密，国家有国家的机密。现在各个国家都很重视机密保护，如果你泄露了机密，会受到严办，要负很重的刑责。所以，吾人应该养成不随便乱说机密的习惯。你要对外发表机密之前，先要想到可能引发的不良后果，知道严重性，就不会胡乱开口了。

八、隐私的话不能讲。每个人都有隐私，自己的隐私当然不希望被人知道，别人的隐私你也不能讲。就算你揭发别人的隐私没有引起对方反击，但已暴露了自己不厚道的性格。人住房子，不但为了遮阳避雨，也为了安全，最主要的是为了保护隐私：人穿衣服，一方面是为了保暖，同时也是为了遮羞蔽体，掩藏自己的私密。所以，人要互相尊重，不可以暴露别人的隐私。

总之，不当的就不能说，如此才不会留下后遗症。

·佛光菜根谭·

能不计较小事，便能减少心灵上的负荷；
能不听人闲话，就能避免不必要的争端。

印　象

羊祜奉晋武帝之命征讨吴国。羊祜这边的人进入吴国领地都有特殊的规矩。若收割吴国的谷物当军粮了，要统计好数目算好价格，再送给吴国百姓丝织品作为偿还。羊祜和手下兵将驰骋在边界打猎，从不踏上吴国土地。禽兽有时乱窜，一旦是先被吴国人射伤而逃到晋国这边来，羊祜总吩咐手下人绑好后送还给吴国人。不多久，吴国人对羊祜心悦诚服。吴国将领陆抗也啧啧称赞："羊公胸怀宽广，连乐毅、诸葛亮都比不上他啊！"

摘引自《历史小故事》

我们和人见面，总会留下印象。有时初次见面，没有深思，当然印象模糊；有的人特地约见，就像面试一样，必然留下深刻的印象。有的人初见，给人留下的是聪明狡猾的印象，有的人给人慈悲厚道的印象，有的人豪放不羁，有的人规矩老成。有了印象，假如是求职，可能面试比文字考试更重要；如果是相亲，印象好坏以外，可能还要考虑家世背景、财务状况，以及为人正直与否等问题。

总之，你给人什么印象，人家都会对你有个看法，都会产生效应。有的人见过面以后，你问他有什么印象，他说没有什么印象。这个人若非深藏不露，可能就是太过装模作样，不肯把本来面目表露出来，因此让对方见过面后留不下任何印象。

其实，大多数的人都希望给人留下好印象。至于什么才是好印象，试说如下：

一、给人诚实正派的印象。做人，给人最不好的印象就是一个“邪”字。见解很邪，说话、眼神、语言很邪，如此再好的道理都没有人听。所以做人要给人正派的印象最为重要。公司求才，选个经理人才，一定要正派；找个会计人员，也要正派；请个外务人员，也是要正派。“宁可正而不足，不可斜（邪）而有余”，正派的人必然诚实，诚信实在的人必然可靠。如果没诚信，又不实在，则此人就不可信赖了。

二、给人知书谦让的印象。交朋友要“友直、友谅、友多闻”。我们用人也希望对方博学多闻，是个很有学问的饱学之士。有知识学问，还要能谦虚而不傲慢，如果自恃才华，为人骄矜，则不能获得好人缘，不能受人欢迎。所以做人做事，谦卑恭敬胜过才华能力。

三、给人信用明理的印象。任何团体考选人才，先要了解他做人是否讲信用。信用是人的第二生命，有信用的人才能受人信任，才能委以重任。另外，做人明理也很重要，一件事情，各说各的理，就如盲人摸象，各有所执。凡事都要有全面性的观察、分析，有综合性的评论，能够不偏不倚、公正持平地讲理论事，才能给人留下最好的印象。

四、给人明快果断的印象。和人谈话，最怕的就是唯唯诺诺，凡事不置可否，没有明快的决断，办起事来这样也可以那样也不错，没有一个果断的决断。做事不比做人，做人可以含蓄一点，做事必须一是一、二是二，不可以拖泥带水。是三十斤的稻米，不能说是五十斤的大豆，是一百吨的钢铁，不能说是一百吨的黄金。对事理必须认识清楚，有明快的决断，不能有误差，才是一个办事的人才，才能为人所重用。

五、给人朴实淡泊的印象。人的气质，有的人雍容华贵，但给人高不可攀的感觉，这种人有人欣赏，但不会有人亲近。社会上很多名女人当中，有的人因为长得太美，条件太好，反而不容易找到结婚的对象。所以，做人朴实，容易有人示好，就像樱花虽然艳丽灿烂，但花期短暂，不如菊花、梅花，因为朴实淡泊，经得起霜寒，反而更受人青睐。

六、给人宽容厚道的印象。有的人尖酸刻薄，悭吝不舍，这种人让人敬而远之；有的人待人宽容厚道，给人平易亲切的感觉，让人和他亲近，如沐春风。听他讲话，就像冬阳一样给人温暖，让人乐于亲近，这就是做人的成功。做人与其给人深不可测的印象，不如宽容厚道为好。

·佛光菜根谭·

纷杂之中，保持礼敬，是谓乱而敬；
事虽繁冗，但不盲从，是谓扰而毅；
性格坦率，令人堪受，是谓直而温；
自信自强，通情达理，是谓强而义。

风　度

佛陀在旅途中碰到一个不喜欢他的人。连续好几天，那人用尽各种办法污蔑佛陀。最后，佛陀问那人："若有人送你一份礼物，你拒绝接受，那么这份礼物属于谁呢？"那人回答："属于送礼的那个人啊。"佛陀笑说："没错。那如果我不接受你的谩骂呢？"

摘引自《哲理故事》

政坛上，参与公职竞选的人，宁可输了选票，但不能输了风度；牌桌上，打牌赌博的人，宁可输了金钱，不可输了风度；体育场中，运动比赛的选手，宁可输了名次，却不能输了风度。你看，打篮球的球员，一旦违规，裁判哨子一吹，就要举手认错；球赛落败以后，也要向对方握手敬礼，表示自己的风度。

一个人的举止不俗，不与人斤斤计较，就该赞美他很有风度。政治家有政治家的风度，运动员有运动员的风度，学者也有学者的风度。话说有一位教授，一天带着儿子到市场买水果，正在用心挑选时，店主人等得不耐烦，责问道："你到底要买还是不买？"教授连声说："要买，要买。"说后又继续挑选。一会儿店主人终于不客气地说："不要再挑选了，不买就不买。"教授还是礼貌地回道："要买，我当然要买。"后来选好水果，付了钱。在回家的路上，教授的儿子一脸不高兴的样子。教授问道："你心里有什么事不高兴吗？"儿子忍不住说道："我今天真替爸爸感到羞耻，堂堂一名教授竟然受一个商人那样呼喝侮辱。"爸爸安慰儿子说："孩子，你不要生气了，正因为爸爸是学者教授。"这种学者教授的风度，岂是一般人所能做得到？

风度本是魏晋南北朝用来品评时人的词语，后来发展为议论人物的精神和特质表现。风度，就是一种修养、一种尊重、一种包容。读书明理的人大都能风度翩翩，为人恭敬。

有人说民主有三度，不但要有制度，还要有气度，更要有风度。美国总统选举，选输的一方所处理的第一件事就是向胜利者道贺，表现自己的风度。英国人总被评价为最具绅士风度，佛教徒也常被赞美为具有宗教家的风度。乐毅在《报燕惠王书》里说："君子绝交，不出恶声；忠臣去国，不洁其名。"这表示他做人的风度。玄奘大师在《慈恩传》里被形容为"言无名利，行绝虚浮"，这表示他修行者的风度。

战国时，老将廉颇负荆请罪，固然表示出大将的风度；年轻的宰相蔺相如不计前嫌，也表现了他宰相的风度。宋朝的石曼卿，有人上门，说其拥有的一头牛是自家走失的。石曼卿说："既然是你家跑丢的牛，你就牵回去好了。"后来此人发现错误了，把牛还回来，并再三致歉。石曼卿说："人难免有误会的时候，过去就算了，请不必介意。"石曼卿宽宏大量的风度，实不失他学士的身份。

士农工商有士农工商的风度，各行各业有各行各业的风度。男女老少有男女老少的风度，在谈情说爱里也要有情场上的风度，乃至棋盘上，所谓“观棋不语真君子，起手无回大丈夫”，这表示观棋和下棋者都需要有风度。

做人要有风度才能为人所欣赏。《三国演义》中周瑜容不下诸葛亮，不但感叹“既生瑜，何生亮”，尤其他和刘玄德的故事“周郎妙计安天下，赔了夫人又折兵”，在在显示他是一个没有风度的人，所以为人所讥讽。人不分贫富、贵贱、大小、智愚，胜败是兵家常事，但可千万不要输了风度！

·佛光菜根谭·

横逆来时，要能不怨不尤；
变故来时，要能不惊不怖；
诽谤来时，要能不辩不苦；
荣宠来时，要能不骄不慢。

做什么样的人（一）

有人在高山之巅的鹰巢里抓到了一只幼鹰，带回家养在鸡笼里。幼鹰和鸡一起啄食、嬉闹，以为自己就是一只鸡。它渐渐长大，羽翼丰满了，主人想把它训练成猎鹰，可由于终日和鸡混在一起，它根本没有飞的意愿了。主人试了各种办法都无效果，最后把它带到山顶，一把将它扔了出去。这只鹰像块石头似的直坠下去，慌乱之中它拼命地扑打翅膀，就这样，它飞了起来！

摘引自《成功的寓言》

孔子说："见贤思齐，见不贤而内自省。"做人，应该为自己树立学习榜样，同时也应该把自己塑造成别人效法的模范。

如何让自己成圣成贤，我有六点意见：

一、要像一面镜子，自我观照。一般人都只看得到别人的错误，却看不见自己的缺点，因此需要一面镜子，从镜子里透视自己，观照自己，改进自己。

二、要像一只皮箱，提放自如。皮箱在我们有用时就将它提起，不用时就把它放下。倘若不用皮箱时，你仍然把它提在手上，便是累赘；反之，要用时，没有皮箱，就会有不便之处。所以我们做人要像对皮箱一样，能够提得起放得下。提所当提，放所当放，提放自如。

三、要像一支彩笔，彩绘人生。彩笔可以画出美丽的山水、动人的图案；我们做人也要像一支彩笔，绘出自己五彩缤纷的美好人生。

四、要像一本簿子，记录功过。簿子是拿来记事用的。做人也要像一本簿子，要把自己的功过一一记录下来，作为自我的勉励与警惕。

五、要像一只蜡烛，照亮别人。一个人绝不可以自私自利，要经常设身处地地为别人着想。要如同蜡烛一般的"燃烧自己，照亮别人"，这就是"我为人人，人人为我"的人生哲学。

六、要像一个时钟，珍惜生命。时钟从一到十二，每天循序渐进、循规蹈矩地运转，从不会恣意地由一点跳到五点，也不会永远停留在某一刻，它很公平地给每个人一天二十四小时，一旦过去了就不再回头。所以它启示我们，要及时把握时间，要让自己的生命作充分发挥。

· 佛光菜根谭 ·

做人十败——

虚荣者败，懒惰者败，骄慢者败，暴戾者败，贪吝者败，

私心者败，无信者败，邪执者败，不忠者败，说谎者败。

做什么样的人（二）

日本企业家小池国三出身贫寒，二十岁时在一家机器公司当推销员。有一段时期，他非常顺利，半个月就跟三十三位顾客做成了生意。之后，他发现自己公司卖的比别的公司同样性能的机器贵。于是立即带着订约书和订金，花了三天时间逐个去找客户，向其说明自己卖价比别人贵，为此请他们废弃契约。结果，这些人中没有一个与小池废约，反而加深了对小池的信赖和敬佩。后来，人们纷纷前来他的店购买东西。

摘引自《成功者的故事》

世间有种种的人，大致分别有君子、小人，有善人、恶人，有要人、贤人，有男人、女人等。兹将人的分别描述如下：

一、真人无假意，要人无真心。所谓真人，就是社会上的一般普通大众。你看那些士农工商的平民百姓，他们做人很讲究实际，凡事不耍心机，孜孜矻矻以诚意待人，有时不经意说了一句假话谎言，可能搞得他久久身心难安。但是有些政治人物，他们每天讲话最多，却很少真实，能敷衍就敷衍，能借故就借故，总要让你摸不着其心。

二、觉人无愚昧，俗人无灵气。在社会的人群之中，有一种有智慧、有理性的，我们称他为“觉人”。所谓觉人，他不会昧着良心，不会埋没真性，不会说话言不及义。觉从心，俗从气，俗人由于没有觉性，所以讲话粗鲁，一点灵气也没有，教人听来没感觉。

三、圣人无分别，凡人无见识。社会上的仁人君子，被称做圣贤，凡是圣贤之人，他对你不会有太大的分别，乃至对一切人等都是一视同仁，不会因为你有钱有势就巴结你，也不会因为你穷途潦倒就藐视你。如果是一般凡夫，他虽然没有分别，但也没有创见。因为圣贤对是非能明辨，假如你要他表态，他当然判别明白；如果是凡夫，对于事情的是非曲直，他就分不清理不明，因为没有见识。

四、大人无牵挂，小人无情意。所谓大人者，大人物也。大人是大人大量，不计小事，大人凡事不太计较，不太牵挂，时过境迁则如“雁过寒潭水无痕”。如是小人，他会牵东挂西，尤其执著情意，怪你怪他没有给予报答。所谓小人者，凡事只有私心，只想自己所得，别人有无都不顾，所以是无情无义也。

五、强人无畏惧，弱人无公平。世间的人，有强人有弱者，强人对外界的一些境界危难，他当然无所畏惧；如是弱者，不但有所畏惧，所遭受的也没有公平。不过，强人虽然没有畏惧，只是人外有人，天外有天，虚心谨慎的强人才能真正没有畏惧。弱势的人虽然不易受到公平的待遇，只要心中有主，心中有力，心中的功德自然能把世间抹得一样平。

六、醒人无盲点，醉人无理性。世间有终日醉生梦死的醉人，也有凡事讲理的清醒智者。醉人有醉人的道理，智者有智者的道理；醉人的道理不讲究理性，智人的所见则少有盲点。假如世界上的醉夫和智者能够相互勉励，则人与人之间自然能更能沟通，更能成事。

以上的各种人等，你是哪一种呢？

·佛光菜根谭·

有用之人，如太阳，
日日散发光明和热力；
有德之人，如春风，
时时吹拂清凉与舒适。

做人七品

有个国王想知道大臣中谁是最重要的，就让人打了三个一模一样的小金人来考他们。国王说："这三个金人只有一点点不同，大家不用秤称，谁能知道哪个金人更有价值？"大臣们左看右看，没能看出个所以然。最后，一位老臣拿来一根稻草，插入第一个小金人的耳朵，从另一只耳朵里出来了；插入第二个小金人的耳朵，结果从小金人嘴里出来了；插入第三个小金人耳朵，再也没出来。老臣于是对国王说："第三个小金人最有价值。"

摘引自《寓言故事》

生而为人不能没有品，没有品，生活就会与现实脱节，就会与良心相违背。人品是开展个人生命价值的关键，有品胜过有学，有德胜过有才，所以做人要有品格，做事要有品德，生活要有品味，有品才能彰显处世态度的合理性、道德性，才能创造生活的多样性。

一般人在日常生活中，大都只重视所谓的民生必需品、健康补给品，乃至各种医疗备用品。其实，在人生的另一个精神层次上，尤其需要有各种"营养品"，例如：

一、礼貌是必需品。有的人言行举止总是莽莽撞撞、冒冒失失，弄得人家难以忍受，还自以为是无拘无束、洒脱自在，殊不知这是无知幼稚的行为，所以礼貌是做人的必需品，有礼才能让人又敬又爱。

二、信仰是补给品。人在世间生活，不论工作上、家庭里、朋友间，多多少少都会有压力，有误会，有难解之处。这时候精神力量的提起便显得格外重要，而信仰就是内心最好的补给品。正当的信仰不但有利于身心发展，更能开发正确观念。

三、能力是备用品。会煮菜、会写作、会画画、会行政、会策划、会讲说，会解围、有创意、懂研究，都是能力。一个人宁可有能力备而不用，但不能没有能力，否则一旦要用时使不上力。

四、不守信用是违禁品。一个人没有金钱，没有地位，都不是什么大不了的事，但一个人如果失去了信用，即使赚了大钱，那也是一时的，往后就是花上千金也买不回来。所以，信用是人们最大的资产，万万不可失去。

五、不耐烦是半成品。养成耐烦的性格才能胜任大事。有的人对人讲话不耐烦，造成彼此嫌隙；有的人做事不耐烦，最后功亏一篑；有的人耐不住一口气，弄得前功尽弃。所以，做人要有恒心，切莫急于一时。

六、嗔心是毒品。根据医学研究，人若经常动肝火，体内容易产生毒素，久而久之，毒素没有排出，就会惹病上身。所以做人切忌嗔心动怒，才能长保健康。

七、好名是装饰品。有名，若是经过个人努力所得，继而借此名位帮助更多人，并非不好；但如果只是沽名钓誉、爱出风头，如此好名，就值得商榷了。好名的人，如同一个人只懂得化妆，却不注重内在的修养；又好比一个人穿着华丽的衣服，内心却充满贪嗔愚痴。所以爱好虚名的人，其实是“金玉其外，败絮其中”，更加令人不齿。

现代社会，凡事都重视品质，产品品质越好则经久耐用；同样，做人也要有品德，才能历久不败。一个人拥有再高的学历、再多的学问，如果做人失败，那也只能是表面的光荣，不值得歌咏赞叹！

· 佛光菜根谭 ·

小人以己之过为人之过，每怨天而尤人；

君子以人之过为己之过，每反躬而责己。

用观照力去除坏习惯

我童年出家时，每当不会背书或做错一点事，就会被罚跪香或拜佛，当时心想：拜佛不是很神圣的事吗？为什么会是处罚呢？以后大家不是都不爱拜佛了吗？后来，我建立佛光山，创设沙弥学园。因为沙弥年纪小，顽皮捣蛋，纠察老师罚他们跪香拜佛。我知道后，连说："不可！不可！"老师问："不然，要如何处理呢？"我说："罚他们睡觉，不准拜佛，尤其不准他们参加早晚课诵。""那不是正中了他们的心意吗？如果这样做，他们岂不是变得越来越没有道气了吗？"我说："不会的，因为孩子们虽然睡在床上，但钟鼓梵呗声却历历入耳，哪里会睡得着？何况当他们看到同学们都可以上殿，而自己却不能参加，他们心里会了解：睡觉是被处罚的，拜佛是光荣无比的。他们自然就会升起惭愧心，改过迁善。教人，先要从人情上着手，才能再进一步谈到法情；先要去尊重他们，才能培养他们的荣誉感。"这个方法实行了半年后，沙弥们果真变得自动自发。

平常我们讲"烦恼易断，习气难改"，也有人说"江山易改，本性难移"，指的就是说人的习气不容易更改。

在佛法来讲，重的错失是烦恼，轻的过失叫习气。其实，人难免有烦恼、习气，乃至"罗汉断三界结尽，而习气未除"。即使证悟的大阿罗汉，有的也喜欢照镜子，因为他过去做过几百世的女人。这就是过去的习惯使然！

迦叶闻歌起舞，这是习气；憍梵波提尊者习惯努嘴，就像牛吃草时一样，因为他过去世做牛，牛就是要反刍，这也是习气；有的人讲演，习惯低头不看人，这是习气；有的人看人眼光凶狠，让人觉得好可怕，这是习气；有的人好吃什么东西、好买什么东西，这都是习气。

在禅门，每个修道者拥有的东西越少越好，所谓"衣单两斤半，随身十八物”，一个人东西越少，欲望就越少，东西越多，所带给我们的困扰、烦恼也就越多。

然而，现代人的东西太多了，拥有、贪多是坏习惯。不过，这也难怪，有人说“大过不犯，小过不断”，小过就是习气。乃至大菩萨，虽然已经到达等觉位，为何不成佛？因为他“留惑润生”，他要留一分无明，留一点习气，好让众生亲近他。为了救度众生，菩萨愿意放弃个人的成就，而成佛必须把所有烦恼都断除。

如何才能对治恶习？首先要靠自我观照，要看自己的心，看自己的毛病。一般人的眼睛都是用来看别人，常常指摘别人这个不对、那个不好。《大乘要语》说“习气不离心”，我们应该要看的是自己的心、自己的毛病。

当然，有的人酗酒、吸毒，想戒掉，要靠医药的帮忙，但也要自己肯得下决心断除。其他如赌博、恶口等，也要靠自己有心革除。所谓“友直、友谅、友多闻”，有人说我可以找好朋友来规劝、教诫；要知道，靠别人来规劝帮助自己还是有限的，自省自觉才是革除恶习的重要方法。

有个总经理喜欢骂人，员工不高兴。他也知道，发脾气会让员工离心离德，他也是真有心想改，就是改不了。终于他下定决心，用一个牌子写“戒嗔恚”当座右铭，提醒自己不要发脾气。有天他听到公司同事谈论：“我们总经理就是这个脾气不好！”他一听，火冒三丈，当下拿起“戒嗔恚”的牌子往那人身上丢去：“我早就改脾气了，你为何还要说我的脾气不好？”

人往往不知道自己，这是最大的恶习。常常要求别人十分，要求自己零分，都是“严以律人，宽以待己”，日久自然成为习惯，这就是习气。

如何改习气呢？我想除了勇敢认错、决心改过，还要有大智慧、大忍力。忍，有生忍、法忍、无生法忍。消得一分习气，便得一分光明；除得十分烦恼，便得十分菩提。我们有了无生法忍的智慧，自然能消除业障、去除恶习。就如明镜蒙尘，要经常拂拭；铜铁生锈，要勤加上油。又如衣服脏了，要用清洁剂洗涤；地毯脏了，就用吸尘器除污。

革除恶习如果只想依赖别人的帮忙，是改不了的；一定要靠自己的恒心毅力，要时时自我砥砺。“真金要靠洪炉炼，白玉还须妙手磨”，只要自己肯下决心，不断自我鞭策，久而久之，习气就能消除。

· 佛光菜根谭 ·

重复的举止，会变成习惯；定型的习惯，会变成个性；
个性的所向，会决定命运；命运的好坏，会决定一生。

不能挥霍

田仲自命清高，不愿与达官贵人为伍而隐居乡间。屈谷去见他，说："我没有别的本事，只会种庄稼蔬菜，特别是种葫芦很有方法。现在我有个大葫芦，它硬得像石头，皮非常厚，里面没有空窍。我特意留下来，想把它送给您。"田仲说："葫芦嫩的时候可以吃，老了后做成瓢可以盛放东西。现在你这个葫芦虽然很大，但又老又硬，没有空窍，我要它有什么用处呢？"屈谷说："先生说得对，我马上把它扔掉。不过，先生您隐居在此，空有满脑学问和浑身本领，却对国家没有一点用处，同我刚才说的那个大葫芦不是一样的吗？"

摘引自《寓言故事》

一个家，最怕子孙挥霍祖产；正派的人士，最怕挥霍感情；政治人物，最怕挥霍权力；有为的青年，最怕挥霍生命。世间每个人都不能任意挥霍，本来是你所拥有的东西，但你不珍惜，随便糟蹋，一旦挥霍殆尽，到最后一无所有，懊悔嫌迟。以下数事，提醒大家不能任意挥霍：

一、金钱不能挥霍。金钱来之不易，必须量入为出。有些年轻的公子哥儿，怀着万贯家财外出创业，挥金如土，"有时不知无时苦"，到了床头金尽，呼天不应，唤地不灵，真是悔不当初。

二、时间不能挥霍。时间就是生命，生命是非常宝贵的。现代医学发达，可是当一个人病倒在床，通过各种仪器急救，想要多挽回几天的生命，都非常困难。因此，在健康的时候，一天要当几天用，起早待晚，或利用零碎时间，把时间拉长到三百岁，那才活得够本。所谓“一寸光阴一寸金，寸金难买寸光阴”，人要懂得惜时如金，千万不要把时间虚耗在打牌、跳舞、游乐上面，这不但是浪费时间，也是谋杀生命。

三、友谊不能挥霍。友谊是难得而可贵的，人家给我们一分的友谊，我们要一分珍惜，十分的友谊，要十分珍惜，不可以把友谊当成廉价商品，随时弃之不要。所谓“在家靠父母，出外靠朋友”，在外面扬名立万也要靠朋友的资助；就如红花虽好，也要绿叶衬托。自己纵然才华盖世，也需要朋友的助缘，才能有所成就。

四、信誉不能挥霍。一个人点点滴滴，为自己树立了信誉，这是非常宝贵的，千万不可以儿戏，把信誉拿来挥霍。今天在这里少了一些信誉，明天到那里又少了一些信誉，等于买卖做生意到处蚀本，等到挥霍净尽的时候，想要再树立信誉就非常困难了。所以纵有一些信誉，自己更要兢兢业业，让自己的信誉增加，让自己的信誉发光，让自己的信誉赢得别人的信赖。做人宁可吃亏，宁可自我在其他方面有所损失，但不能在自己的信誉上有些许亏损。

五、福报不能挥霍。一个人的福报有多少，就好像银行里的存款，再多，如果挥霍无度，也有用尽的时候，所以佛教叫人要惜福。福报是我们的资本，要慢慢用，要用得适当，用得有价值有意义，不可以随便挥霍，糟蹋福报，浪费福报；等到没有福报的时候，再想拥有福报，那就困难了。

六、生命不能挥霍。有的人生命能活五十年、六十年，有的人七十年、八十年，不管生命长短，都不可以挥霍。一天有一天的事，一周有一周的事，一年有一年的事，我们要用人生数十年有限的岁月创造无限事业价值。世界上很多东西都可以用金钱购买，而生命是金钱买不到的，生命是有定期的，怎么可以把定期的生命任意挥霍呢？

总之，世间的物质，多余的东西都可以与人共享，而金钱、时间、友谊、信誉、福报、生命，不能挥霍。

·佛光菜根谭·

生命不可有丝毫的浪费，
每一天都是生命的一部分，也是旅程的一段。
当生命之轮不停向前转动时，我们又怎能放慢脚步？

福报漏了

有个青年饿死后，阎王从生死簿上查出他应该有六十岁的年寿和一千两黄金的福报，不该是这个结局。会不会是财神把这笔钱贪污了呢？于是把财神叫过来质问。

财神说："我看这个人命格里的文才不错，如果写文章，会发达，所以把黄金交给文曲星了。"

文曲星来了，说："这个人虽然有文才，但生性好动，我看他武略不错，走武行较有前途，就把黄金交给武曲星了。"

武曲星来了，说："这个人文才武略都不错，却非常懒惰。我怕他从文从武都不容易，就把黄金交给土地公了。"

土地公来了，说："这个人实在太懒了。我怕他拿不到，就把黄金埋在他父亲从前耕种的田地。如果他肯挖一锄头就能挖得到。可惜在父亲死后他就没有动过锄头……"

摘引自《哲理故事》

我们赚得的钱财，把它放在口袋里，口袋有缺口，钱财就漏了；我们积聚的东西，把它放在箱子或篮子里，箱子或篮子有洞，我们的东西就漏了。有的人修福积功德，牺牲奉献，无如不懂得“摄心守意”，让身口意有了缺漏，善行义举也会随着缺口漏了，殊为可惜。

有的人布施行善，只是布施的时候心不甘情不愿，让受者的尊严受到伤害，对方不但不感谢你的施予，反而因为你的语言行为刻薄，因此怀恨在心。如此纵有善行，布施的功德也会漏了。

你帮人忙，协助别人做了多少好事，但你一直抬高自己，自我膨胀，别人不服气，反而对你訾议，这就是你的功德有漏了。

有人信仰宗教，受到信仰的熏陶，也懂得要说好话、做好事、存好心，如此积聚很多的功德福报。无如在某一种情况之下，只要稍遇逆境，他就大发牢骚，心生怨恨，感觉懊恼，乃至口不择言、怨天尤人，故而他的义行福报就会漏了，真是不值。为什么有许多人做好事却没有好报呢？因为他的身口意缺口太多，福报功德自然也会漏了！

怎样防漏呢？

第一，要慎言。一句话可以成功，一句话也可以失败。谦虚、感恩，福上加福；如果说话刺伤别人，纵有功德，福报也会漏了。

第二，要慎行。既已做了好事，就应该好好地把握，不可拿石头砸自己的脚。正如自己的物品，不懂得保养，反而加以践踏，当然好的东西也会坏了。

第三，要慎思。既已给别人的好因好缘，就要往好处去想；如果帮助了别人，心中又生懊恼，如此即使身做好事、口说好话、心想好意，但就如同锅子漏了、碗盘漏了、房子漏了、口袋漏了，你怎么能积聚福报功德呢？

有的人一面赚钱，一面浪费；一面种植，一面践踏。有漏的世间，有漏的众生，保不住功德因缘；世间的功德好事都被我们自己的身口意漏了，正如茶杯有了破洞，水就会漏失掉。所以，吾人应该要时时刻刻谨言慎行、摄身防意，千万不要让三业把我们的福报漏了。

· 佛光菜根谭 ·

刹那的善心可得无尽的福报，

刹那的净心可得无量的功德，

刹那的悟心可得无限的妙觉，
刹那的空心可得无相的本体。

肆 悟达篇

如器受于水

一踏踏翻四大海，一掴掴倒须弥山。
撒手到家人不识，鹊噪鸦鸣柏树间。
——宋·黄龙慧南

财　富

有对老夫妇，想把家中唯一值钱的一匹马拉到集上，去换点有用的东西。老头在集上，先与人换得母牛，又用母牛去换得羊，再用羊换来鹅，又把鹅换了鸡，最后用鸡换了一口袋烂苹果。两个美国人知道他的经历，猜他回去准得挨老婆一顿揍。老头坚称绝对不会，美国人就用一袋金币打赌。

老婆听老头回来讲赶集的经过，每当老头讲到换了一种新东西时，她都很高兴，嘴里不时地说着："哦，我们有牛奶了！""哦，羊奶也同样好喝！""哦，鹅毛多漂亮！""哦，我们有鸡蛋吃了！"最后看到那袋烂苹果，她同样高兴："那我们今晚就可以吃到苹果馅饼了。"结果，美国人输掉了一袋金币。

摘引自《安徒生童话》

人生最大的欲望就是财和色，撇开色不谈，大部分的人都期望得到财富。一般人认为的财富，都是看金钱、珠宝、土地、有价证券等。但拥有这些有形有相的财富，不一定对自己有利。比方钱多了，人为财死；珠宝多了，容易被抢；土地多了，恶霸侵占；股票多了，政治干扰。更何况今日万贯家财，来日穷途潦倒，也不是没有可能。若真到了这一天，哭天喊地也无济于事，所以人生除了拥有外在的财富，最重要的是拥有内在的财富，诸如：

一、智慧。智慧是别人抢不走的财富。金钱乃身外之物，总有用尽的一天；智慧是内在的资粮，可以不断累积。智慧是我们的财富，有了智慧，生活处处见生机；有了智慧，就能实现自我的理想。有了智慧，何愁事不成？

二、慈悲。“慈能与乐，悲能拔苦”，救苦救难即是慈悲。慈悲是用不完的，慈悲心是不断增长的。只要我拥有慈悲，也肯给人一些慈悲，慈悲就是我的财富。

三、道德。道德也是我们的财富。儒家的八德“忠孝仁爱信义和平”是我们的财富，童子军的三达德“智仁勇”是我们的财富，佛教的“八正道”更是我们的财富。一个有道德的人，其正派的形象必然处处受人欢迎。

四、健康。所谓“知足第一富，无病第一利。”纵有万贯家财，没有健康的身体，财富与我何干？失去健康，就没有了一切，所以健康就是财富。

五、满足。满足就是我们的财富。一个人即使拥有再多的钱财，不能满足，还是穷人一个；如果能满足，大地山河是你的，日月星辰是你的，阳光、空气、水也都是你的。你能满足，就是一个富者。

六、欢喜。欢喜就是财富。有时儿孙满堂，不见得就有欢喜，因为难保不会出个忤逆的儿孙；纵使金银财宝满仓库，也不见得欢喜，因为会担心被人偷走。真正的欢喜不是来自外在的辉煌成就，而是发自内心的喜悦，那才是心中真正的欢喜之财。

七、心宽。一个人心量大，凡事就能想得开，生活也就没有障碍。所以，心宽是财富。

八、禅悦。生活不能光靠物质来满足自己，还要有精神上的禅悦法喜，才是莫大的享受。禅悦法喜是公修公得、婆修婆得——你修得了，它就是你的财富。

九、自在。生活自在、居家自在、交友自在、工作自在，观境自在、观心自在，处处都能自在。自在是再多的钱财也比不上的财富。

十、平安。平安是最大的财富。人自呱呱坠地后，最先感到需要的就是平安。人生会有恐惧，就是感受到外在的不安；人生会有颠倒妄想，不外是想要得到安全感。因此，若能得到平安，也就心无挂碍、意不颠倒，凡事也就不贪恋了。

财富不一定从外而来，我们的心就能制造财富。人是万有的主人，你可以开发万有的能源吗？你能发大心，你能开启愿力，你能悲智具足吗？如果你能做到，你就是一个精神世界的大富翁了。

· 佛光菜根谭 ·

世界处处是财富，且看好事好话好心地；
人间时时皆吉利，但凭真情真义真心意。

自我肯定

我不敢投机取巧，心存侥幸，对于自己负责的每一件事，我总是脚踏实地，全力以赴；对于师长交代的每一句话，我也都切切珍惜，谨记在心。记得十八岁时，我见到心中仰慕已久的太虚大师，遂情不自禁地趋前向他合掌顶礼，他含笑回应了几句："好！好！好！"就走了过去，我却在当下决心要一辈子"好"下去。于是，我开始注意自己的一言一行，我不断反省平日的思想举止，我一丝不苟地演练佛门行仪，我孜孜不倦地读诵佛学典籍，这一切的努力，无非是希望一生都不要辜负了太虚大师向我说的几个"好"字。

人，不能自我执著，但要自我肯定；人，自我肯定容易，包容别人的意见不容易。

自我肯定不是自我执著，自我肯定要能包容别人。自我肯定很重要。对慈悲，如不自我肯定，难道要嗔恨才好吗？对道德，如不自我肯定，难道要放纵才好吗？对美事、善举、好话，要自我肯定，要有“我能、我会、我可以”的自信；对世间的善事不能肯定，便容易行恶做坏事。

一个随时充实自己的人，自然拥有自信，当能自我肯定；一个没有信心的人，就无法给人信心，自己都不能肯定的事，当然也无法取得别人的肯定。

佛门中的信仰，不是要大家信佛，而是要肯定自己、认识自己、对自己有信心。释迦牟尼佛能够自我肯定，故能不畏辛苦，终而夜睹明星证悟成佛；六祖慧能大师因为自我肯定，因此虽然暂居磨房舂米，终能见到自性，而成一代祖师。

在人生的旅途上要站得住脚，要禁得起考验，对自己的所想、所言、所愿负责，自然就能受到别人的肯定。

鸿雁是一种大鸟，飞得很高，站在地面的人难以辨识到底是什么鸟。越国的野鸭很多，越国人看惯了野鸭，往往就把飞在高空上的鸿雁当野鸭；楚国的燕子很多，楚国人看惯了燕子，往往把飞在高空的鸿雁当燕子。一对遨游蓝天的鸿雁，飞过了楚越两国，雌雁说道：“楚越两地的百姓真迷糊，居然把我们看成是燕子或野鸭。”雄雁笑着答道：“不要怪他们了，尽管楚人把我们当成燕子，越人把我们看成是野鸭，但我们还是鸿雁，决不会是野鸭，也决不会是燕子，不是吗？”

自己就是自己，即使在这世界上有好几亿人口，你还是你自己。遗憾的是，一般人因为不能自我肯定，不能掌握自己的前途，不得不借助求神问卜、算命看相。然而看手相、脸相，不如看心相，心是我们的主人，世间的好坏，皆以心为出发点，心生则万法生，心灭则万法灭。心外的世界如何改变，我们无法控制，但只要自己心中能够自我肯定，就可以做自己的主人。人若能肯定自己，不被名位权势、五欲六尘的境界牵着鼻子走；心能安住，则任凭天崩地裂，又岂奈我何？

· 佛光菜根谭 ·

自尊须防傲慢，一傲慢则众人远离；
自谦尤忌自卑，一自卑则尊严扫地。

学习接受

早年因为没得东西吃，只要有的吃，都觉得好吃。近年来，吃的东西很多，我十分珍惜这份福报，所以不管是汤面、拌面、干饭、稀饭，米粉、冬粉、水饺、包子，虽然不一定觉得好吃，我一概来者不拒。偶尔放在一旁不吃，是因为忙于赴约，或者当时已用过，并不一定表示心里不喜欢。有时候看到徒众很用心地为我准备了一道菜，为了嘉勉他们的辛劳，即使不甚好吃，我也会随意称赞某一道菜十分可口。然而徒众未能善体我心，甚且误解人意，有时候一月半月每天都会吃到同一道菜，问他们是何原因，他们总说是随顺我的喜欢，令我真是啼笑皆非。但是叫我说一句不喜欢吃，怎样我也不肯，我宁愿一直忍下去，也不愿随便说出我的好恶。

人生自呱呱坠地，最重要的就是要教他学习礼貌，学习对人的称呼。及长，教他学习技艺、学习知识。其实，更重要的应该教他学习接受，学习接受是成功立业的基础。

如果你有机会到一个学校参观，你从课堂上看到学生在上课时剪指甲、削铅笔、开抽屉、翻书本、传纸条、东张西望等，你就知道他必定没有用心在听老师讲话指导；如此没有“接受”习惯的青年学子，你要他将来会读书、会考试，能有好的成绩，实在难矣！

所谓“如器受于水”，一个有漏的器具、一个肮脏的器皿，乃至一只覆盖的杯碗，即使再好的东西，又怎么能装得进来呢？所谓“如地植于种”，你播种在土壤外，被鸟雀给吃了；你把种子撒在坚硬的地板上，乃至种在长满杂草的荆棘丛中，又怎么能够萌芽成长呢？所以，一颗种子没有土壤的“接受”，一杯水没有器皿的“接受”，都是徒劳无功的。就像天降甘露给你，你没有“接受”，再温暖的阳光却普照不到你，又能奈何？

因此，一个学生会不会读书，就看他会不会“接受”。幼儿牙牙学语，不断地模仿、学习，必须养成他“接受”的习惯。不但学习接受，而且只要是好的，即使是专制的、委屈的、无理的，都应该接受；因为你在无理、委屈、专制的情况下都能接受，则日后在自由、民主、真理之前怎么会不接受呢？

遗憾的是，现代的青少年不懂得“接受”，对于父母的话，“言者谆谆，听者藐藐”；对于老师的种种教导，即使春风化雨，也不能注入他的心田，因为他不肯“接受”。就如《遗教经》里佛陀说：“我如良医，应病与药，汝若不服，咎不在医；我如善导，导人善路，汝若不行，过不在导。”

多闻第一的阿难尊者，所以聪明智慧，因为“佛法如大海，流入阿难心”。敏而好学的颜回所以成为孔门的传人，因为他懂得“朝闻道，夕死可矣”。一个人能够接受父母、老师、圣贤的谨言教诲，能以圣贤为模范，心中能够包藏万有，还怕不能成功吗？

所以，对于“接受”，凡是正当的、清净的、善良的、真实的知识，都应该好好地接受。你能接受美好的事理，成为你的传灯，将来才能把好的还给社会。

·佛光菜根谭·

龙要游到大海里应付猛浪，才能活动自如；
狮要跑到山林里击败群兽，才能展现英姿；

鸟要飞到虚空里接受挑战，才能学会翱翔。
人要走到社会里承担考验，才能快速成长。

偏 差

茶师千利休看着儿子少庵打扫庭园。当儿子扫完地，茶师却说不够干净，要他重做一次。于是少庵又花了一个小时扫地。然后他对父亲说：“石阶洗了三次，石凳也擦了多遍，树木也洒过了水，苔藤上也闪耀着翠绿，没有一枝一叶留在地面。”茶师却训斥道：“傻瓜，这不是打扫庭园的方法，这像是洁癖。”他用力摇动一棵树，抖落一地树叶，然后又说：“打扫庭园不只是要求清洁，也要求美和自然。”

摘引自《茶之书》

我们走路的时候，不但方向不可以偏差，乃至太左太右都会失去中道。人生，有时候太过冷漠严肃，或是太过热衷玩乐，都是生活上的偏差。说起我们人生偏差的言行还真不少，例如：

一、语言的偏差。有的人讲话太过夸耀，有的人太过谦卑，如果过分，都叫偏差。说话太过大声，或是声音太小，都是偏差。对你好的时候百般赞美，对你不好的时候百般挑剔，这也是偏差。所谓语言的偏差，就是观念、看法产生了偏差，所说的话自然失之公道，别人就会批评为“不公平”。当一个人说话偏差，被人感到不公、不正、不平的时候，自己所遭受的损失真是难以估计。

二、行为的偏差。时下的青年，行为偏差的问题最为严重。有的人从小不好读书，有的人四五十岁了还不肯服务社会，一直赖着读书。有的人不喜欢家庭，在外闲荡；有的人赖在家里，不肯外出。尤其是性格偏激、任性、不合群，自己独来独往没有朋友的，这都是行为的偏差。更有甚者，好吃、好玩、好游乐，这许多行为的偏差，如果没有师长、家人，或者朋友帮忙，加以纠正，偏差对人生造成的伤害难以估测。

三、认知的偏差。知识能够像日光一样就成为智慧；知识病了就是愚痴。佛陀成道的时候，随即就想进入涅槃，因为世间人的看法跟悟道者的认知不同。五欲六尘是烦恼痛苦的因，但一般人却百般追逐，以此为乐，反而佛陀证悟的涅槃之乐，凡夫认为是虚妄不实的。一般的社会也是如此，你讲道德、人格，他反问：道德、人格值多少钱？你告诉他声色货利是火坑，他说：纵使如此也甘愿！世间的知识思想所以分歧，一件事情生出了多少问题，一种学问生出多少学派，都是由于认知不同。例如，人生从哪里来，生物学家、物理学家、历史学家、宗教学家各有解说，这就是认知的不同。认知能统一，凡事能达成共识，必能为人类带来利益。

四、待人的偏差。社会上，有的父母弃养儿女，让幼小的生命乏人照顾，失去关怀；相反的，也有的父母过分溺爱儿女。这都是偏差。对老人也是如此，有人置父母于不顾，也有人为了父母，什么职业也不就，只有在家里侍奉双亲。这都是偏差。父母当然要孝养，但也不能不顾事业。不顾父母的愿望，只是形式上的孝顺，对父母的精神、心理需要都不能给以满足，也是偏差。

除上所说，有的人待人好，好得过分，或待人差，差得离谱，这也都是偏差。就如过去佛陀的大弟子须菩提托钵乞食只“乞富不乞贫”，大迦叶则“乞贫不乞富”，两位尊者各有各的想法。须菩提认为贫穷的人自身三餐都难温饱，怎能再向他乞食，增加他的负担呢？大迦叶则认为今生贫穷就是因为过去没有修福，所以今生要给他机会布施。两位尊者各有想法，佛陀批评他们“心不均等”，也就是待人有偏差。

在一个修行人的眼中看来，对贫富不可以有偏差的看法。能用“人人是佛”的平等心来看待世间一切众生，自然就不会产生偏差了。

· 佛光菜根谭 ·

成功与失败在一念之间，快乐与痛苦在一念之间，
宝贵与贫穷在一念之间，善良与邪恶在一念之间，
觉悟与迷惑在一念之间，朋友与仇敌在一念之间，
美丽与丑陋在一念之间，天堂与地狱在一念之间。

人的关系

有个男孩患病，一直难医。听说有个郎中能治，母亲便背着男孩前往。这个郎中的药很贵，母亲只得上山砍柴卖钱再买药。男孩发现，药渣每天倒在路口，被许多人踏着，就问母亲。母亲告诉他："别人踩了你的药渣，就把病气带走了。"男孩说："这怎么可以呢？我宁愿自己生病，也不能让别人也生病。"后来男孩再没见过母亲把药渣倒在路上。那些药渣全倒在后门的小路上，那条小路只有母亲上山砍柴才会经过。

《成就你人生的 100 个哲理》

人在世间生存，首重关系。出生之时，需要父母的养育保护；及长，则要老师、朋友、社会大众的栽培。人的成长环境，种种因缘，无一不建立了人和万物的关系。兹略述人在世间的各种关系：

一、人与自然的关系。山河大地可以提供给人发展的空间，虽然葬身山谷、埋骨海底的大有人在。大自然的气候寒暖都在威胁着人的生存，但是花草树木、虫蚁鸟兽也都助长了我们的生存。人要有认识大自然的知

识，还要有与大自然共生共存的态度，更要有使用大自然的能力。人不能违反大自然，不能逆天行事，否则在天地间立身就很困难了。

二、人与社会的关系。士农工商供应我们的起居生活，政治经济保障我们的生存安全，饮食医药帮助我们维护健康，宗亲朋友给予我们的各种关怀协助，如果我们缺少社会的因缘，就难以安然生存。

三、人与大众的关系。人是谁？是他，是你，也是我。你我他的关系，说单纯是单纯，说复杂也很复杂。人与人的关系，不管经济上的往来，事业上的合作，亲时如朋友，仇恨生起时视如敌人。人经常探讨自己的命运，一个人影响到我们的一生就已经很够受了，诸如对父母的牵挂、对家人的照顾，乃至夫妻恩爱情仇、儿女聚散无常、社会上长官部下的共事等。总之，社会上有人，就与我们有关系，有关系就有善因缘、恶因缘的分别。如果吾人忽视了人与人之间的关系，没有建立好的因缘，则横在我们面前的不是墙壁就是鸿沟，都会让人举步艰难。

四、人与自心的关系。人和大自然、社会、他人的关系，总说起来，都不及与自己内心的关系重要。心是宇宙人生的主宰，心虽是人体里的一个部位，但它有指挥眼耳鼻舌身的功用，它有策划人生何去何从的功力，它领导吾人时而上天，时而下地，不时地遨游在宇宙大千世界。它可以带你飞黄腾达，也可以让你一蹶不振，穷途潦倒。社会、自然、身体虽然与人的关系密切，但总是客体，总是客观的世界，心才是吾人的根本领导。心领导得好，眼耳鼻舌身，齐心合作；领导得不好，各自分裂，甚至和社会、自然、大众的关系也会搞得不能调和。

《华严经》说："心如工画师，能画种种物。"综观世界之大，万物之多，很难一一调和，但吾人只要能把心管理好，由心来统一自然、社会、人类，那就应付裕如了。所以说，心为万物之主，心能指挥万物，吾人只要懂得善用自心，则无有不办。

·佛光菜根谭·

待人应似春风，处世须像夏莲，
律己宜带秋气，利他犹如冬阳。

放 光

西域商人将珠宝拿到集市上，其中有颗名叫“珊”的宝珠特别引人注目，像是朱红色的樱桃，直径有一寸，开价数十万钱。恰好龙门子经过，他仔细瞧了瞧，问：“这可以拿来填饱肚子吗？”“不行。”又问：“那它可以治病吗？”“不能。”再问：“那它能够驱除灾祸吗？”“不能。”龙门子于是说：“真奇怪，这颗珠子什么用都没有，却要数十万钱，为什么呢？”商人说：“这是因为它产在没有人烟的地方，要动用大量的人力物力，历经艰险，才能得到它啊！”龙门子笑了笑，便离开了。弟子郑渊对老师的问话很不解，向他请教。龙门子道：“黄金虽然是重宝，但人生吞了它就会死。我已经很久不去追求这些宝贝了，但我身上也有贵重的宝贝，它的价值绝不止数十万，而且水不能淹没它，火也烧毁不了它，风吹日晒全都丝毫无法损坏它。用它可以使天下安定，不用它则可以使我自身舒适安然。人们对这样的至宝不知道朝夕去追求，却把寻求珠宝当作唯一要紧的事，这岂不是舍近求远吗？”

摘引自《中国古代寓言》

根据佛经记载，佛陀说法时都是通体放光，例如《金刚经》一开头就是：“尔时，世尊食时，着衣持钵，入舍卫大城乞食。于其城中，次第乞已，还至本处。饭食讫，收衣钵，洗足已，敷座而坐。”这就是说明佛陀全身六根都在放着金刚般若的光明。

一般凡夫也有六根眼耳鼻舌身心，我们也可以如佛陀一样放光，例如：

一、眼睛放慈悲光。我们有两只眼睛，能像观世音菩萨一样“慈眼视众生”，就是放慈悲光。有时候我们见到残障人士，眼中不自觉放射出怜悯的眼神，这就是放慈悲光；有时候见到社会上一些受苦受难的人，心生不忍，眼含泪光，表示同情，这都是在放慈悲之光。你的眼睛有放慈悲之光吗？

二、耳朵放欢喜光。耳朵的功用是用来倾听，有时听到好人好事，不禁喜形于色，这就是放欢喜光。耳朵听闻佛法，听到真理的精辟开示，不禁喜上眉梢，欢悦之情溢于言表，甚至手之舞之，足之蹈之，这不是耳朵在放欢喜之光吗？所以佛陀一直开示我们，对于好言好语、好事好理，要谛听谛听才能放光。你的耳朵有放欢喜之光吗？

三、鼻子放正气光。鼻子负责呼吸，让气息进出，以全生命。鼻子平时也像情报员，像探子一样，专嗅外界香臭净秽。鼻子不但要呼吸清净的空气，而且要呼吸正派的气息，因为生命的维持、世界纲常的维护都要靠正义来捍卫。你的鼻子有放正气之光吗？

四、舌头放美语光。舌头不但用来吃饭，而且负责说话。如簧之舌能说好话，也能说坏话。说好话，让人听了高兴，就是自己的光明庇照了他；赞美的话、恭维的话，都能让人听了开心，这都是舌头能放光的关系。你会讲好话、美言、正语，不王是你的舌头能放美语之光吗？

五、身体放道德光。身体端正、庄严，让人看了欢喜，这是身体放光。有的人在社会各角落当义工，发心为人服务，例如佛光会会员发起扫街、植树、捐血、资源回收、为考生服务等活动，可以说都是通身在放光。此外，奉行佛法，不杀生而护生、不偷盗而布施、不邪淫而尊重他人名节、不妄语而赞叹他人，不喝酒而远离毒品的诱惑，这都是身体放道德之光。你有通身放光吗？

六、心灵放智慧光。多年来国际佛光会一直提倡“点亮心灵的灯光”。确实，心在我们的身体里，久居暗室，不见光明。“千年暗室，一灯即明”，尽管我们的心久被无明、愚痴、邪见覆盖，生不起慈悲之心，生不起恻隐之心，生不起仁爱之心。一旦点亮心灵的灯光，不但照亮了自己，而且像海洋的灯塔指引远航的船只，像暗巷的明灯照亮夜归的行人。一旦点亮了自己心中的明灯，就能生出智慧，就能放智慧之光，照耀别人：智慧的心灯一明，通天彻地，人我不再对待，争执不再生起。别人的苦，就是我的苦；别人的缺陷，自己感同身受。一心只想给人助缘，只想尽力帮助别人，这就是心灵放光。你的心灵有放出智慧之光吗？

光，是可贵的。每天一早，太阳就会从东边的天际升起，散发光芒，照耀大地，哪怕有时候乌云笼罩，它也会努力穿透云层，露出笑容，带给万物温暖，所以我们赞誉其为“永恒的太阳”。人也和太阳一样，只要有心，就能让自己通体放光，为世间带来光明。我们能学习太阳，不受外境影响，时时让自己的六根放光，也才不辜负本自具足的真如佛性！

· 佛光菜根谭 ·

生活中，值遇黑暗，才能显出光明的可贵；
正义时，受到毁谤，才能显出人格的芬芳。

心净国土净

万丈洪崖倚碧空，人间有路行不通。
奈何一点云无碍，舒卷纵横疾似风。
——宋·兜率从悦

付 出

城郊外有块闲置多年的不毛之地。一天，土地所有者想出了一个主意，就找到当地政府，说："我这块地不要钱，给你们盖所大学如何？"政府欣然接受，马上调拨资金，组织施工，很快建起了一所高等学府。有大学就有学生，有学生就要消费。土地所有者因赠地建校的义举，轻易取得了政府支持，在校门外建起了公寓、饭店、商场、影剧院等，形成商业一条街。

摘引自《办法总比问题多》

人的性格，有的人讲究先有收入，有的人懂得先要付出。其实，没有因缘哪里有果报？先有结果，因缘就不来了，所以讲究付出就是懂得结缘的人生。你有付出，自有种种不同的果报，兹举其例如下：

一、不播春天种，哪得秋粮收。春天不播种，到了秋天哪里有收成？你想要有什么样的收成，就必须先怎样栽种。自古以来，农夫都懂得这种因果关系，吾人怎能不深切体认“没有因缘，那里有结果”的道理呢？

二、不向虎山行，哪能得虎子。所谓“不入虎穴，焉得虎子”，要想获得大利益，必须接受大的挑战。所以，一个人没有勇敢，没有豪壮之气来担当，好事不会自己跑到你的家里来。

三、不在人前累，哪来技艺精。俗语说“要得会，人前累”，不在人前学说话，话不会讲；不在众中唱歌，歌不会唱。所以现代的各种训练当中，有所谓“丢丑”训练，也就是让你在人前一直丢丑、出洋相，因为谨记教训，才能有所成。

四、不吃苦中苦，哪成杰出人。就如“不经一番寒彻骨，哪有梅花扑鼻香”，蜜蜂藏蜜，蚂蚁储粮，农夫春耕夏耘才有秋收冬藏。吃苦、付出并非小事，而是生活大事。

五、不读万卷书，哪来真学问。人非生而知之，乃学而知之，你不饱读经书，怎能成为学者专家？读书不但要学以致用，还要能有益于世道人心，所谓推己及人，不如此就不像读书人。

六、不付出真情，哪里有朋友。“在家日日安，出外处处难”，所以在家靠父母，出外要靠朋友。交朋友如果不用真心，用虚情假意哪里能交到知己呢？“人之相交，贵相知心”，如果没有真情实意，则酒肉朋友多得是，患难朋友一个无，岂不可悲！

七、不发广大心，哪能有前途。发广大心，就是要立志。古人说“男儿志在四方”，就是今日之立志。人不立志，怎么会有好的事业？人间最大的愚痴，就是喜欢在果上诉求，不在因上努力；没有因，哪里有果？所谓“志业”，有志才有业，没有志，没有发大心，怎么会有事业？所谓“发大心”，例如如何利益大众，如何负担社会责任，如何“诸恶莫作，众善奉行”；懂得发大心，当然人生的事业就不一样了。

八、不置之死地，哪得庆重生。“置之死地而后生”，这是古人哲语。证之于世间，温室里的花朵不能长久开放，只有高山悬崖边上的树木千百年安然耸立。不要总是找理由原谅自己，要觉得自己没有理，才能绝处逢生。

上述八事都有因果的关系，所谓你要获得什么，必然先要付出相应的努力，老天不会平白掉下什么给我们，凡事都得自己努力付出才有所成，这是放诸四海而皆准的真理。

·佛光菜根谭·

成功的里面，包含了多少辛酸；
名人的双肩，承受了多少压力；
荣耀的背后，付出了多少代价；
伟大的成就，奉献了多少牺牲。

心甘情愿

师兄满成法师在年轻时，比我更苦，因为做人老实，不很聪明，经常被人欺侮，被人冤枉，像小媳妇一样，每天要做很多的事情，要受很多的委屈。有时被骂、被怪得太多了，我看不过去，上前安慰他，他总是很泰然地对我说道："没有关系，那些都是我心甘情愿的！"

出家，是我心甘情愿的；读书，是我心甘情愿的；苦行，是我心甘情愿的；各种打骂委屈，都是我心甘情愿的。因此我心平气和地度过了十年寒暑，期间所培养的坚忍负重的性格，成就了我日后修行办道的雄厚资粮。

过去，我省吃俭用，每到一处便广为收集佛教文物。为了节省运费，我抱着沉重的佛像法器、经书圣典，国内国外，上机下机，出入海关，往往引起旁人奇异的眼光，乃至被讥为经商贩卖。其实，我为了实践自我期许的理想和目标，心甘情愿忍受一切难堪与污蔑。后来，从台北到高雄，从国内到国外，因为我的努力，近十间的图书馆成立了，佛光山、西来寺、巴黎道场的佛教宝藏馆完成了，我的心愿逐渐实现，见到正信的佛教徒日渐增加，虽然数十年来屡赔不赚，还是觉得非常心甘情愿！

我坚持办学，自奉更俭，每获些微供养便购买桌椅文具，而且时时留心延揽饱学之士来院授课。为了筹建东方佛教学院，不主张赶经忏的我也曾到太平间通宵诵经。在筹设中国佛教研究院研究部时，我率领学生煮饭卖面，以诚心及劳力募得资金，终于把学校办了起来。后来，开办国际学部英文佛学班，我不惜以高薪自海外礼聘名师来佛光山教学，管理财务的职事们常因所费不赀而大吐苦水，我何尝不知此中的种种艰难？但是，只要人才能够得到培养，佛法能够弘传世界，一切一切的牺牲奉献，我都心甘情愿啊！

在佛光山创办沙弥学园，更是含辛茹苦。目睹十岁左右的孩子们，由少不更事到把他们培育到长大成人，不知花费多少的心血！但是就在他们长大之后，难过兵役一关，一个个都因为禁不起环境的诱惑而流失于社会。每见及此，我总像失落掉什么一般的痛心。但是只要有人申请入学，我还是欣然接受。我的弟子不忍见我经常失望难过，往往力图阻止，痛切地说道："师父，您真傻，这些孩子将来不会记住您的恩德的！"常常争执不下，我的一句"心甘情愿"即刻令他们为之语塞。

我曾经在宜兰、高雄两地之间每周来回布教达十年之久；也常沿着荒郊小径步行数小时，到偏远的寺院开示佛法。后来，弘法的邀约不断，经年的赶场赴会不但使我居无定所，连吃睡读写都是在车厢里进行；而为了一句承诺，奔波百里，乃至洲际穿梭，也是常有的事。直到现在，我虽已从佛光山退位数年，仍然不得空闲，经常应邀参加他们的会议。只要有人要我，只要是为了佛法的弘扬，我还是心甘情愿，勤于赴会。

人生在世，若能时时以心甘情愿的态度来实现理想，必能有苦时不觉苦，有难时不觉难，一切困境自可迎刃而解，而无事不办，无愿不成。

· 佛光菜根谭 ·

有了感动，就能心甘情愿，任劳任怨；

有了感动，就能不怨不悔，勇往直前；

有了感动，就能知足常乐，精进不懈；

有了感动，就能自他互易，为人着想。

落　差

一个农夫将斧头掉进了河里，他坐在河边哭。财神跳进水中帮他打捞，拿出了一把金斧头，农夫摇头说："这不是我的。"财神又拿出一把银斧头来，农夫还是摇头。最后，财神拿出铁斧头，农夫说："这才是我失去的斧头。"财神就把金斧头和银斧头一起送给了他。一个贪心的家伙知道了，故意把斧头扔进河里。同样，财神拿出一把金斧头来，没等财神问他，他就说："这就是我丢失的那一把。"财神厌恶他不诚实，就和金斧头一起消失了。

摘引自《寓言故事》

在生活中常有一些落差现象，例如：道路不平，有了落差；水平线有了高低，叫做落差。贫富的落差、年龄的落差、时空的落差，人世间有许多的落差，尤其文化的落差一时不容易弥合。试举世间的落差如下：

一、智慧的落差。人的五个手指头伸出来有长短；人的智愚也有不同，不同就会有落差。人与人之间的落差可谓错综复杂，你的身体比我健康，我的手脚比你利落，你的嗅觉比我灵敏，我的听觉比你高明。在学问上，你的化学智商比我高，我对化学简直一窍不通，但我对哲学思维的悟性很高，对宇宙人生的问题都能了然于心。你擅长书法写字，我长于绘画美术。只要大家分工合作，也可以弥平思想上的落差。

二、因缘的落差。在人生过程中，每个人的因缘往往有很大的落差。

你一生都遇到好人好事，一路顺利；我则艰难辛苦，所做难以完成。此中应该知道，必然是因缘落差的关系。做事时，因缘找你非常顺利，你找因缘非常困难，所以《阿弥陀经》说："往生西方极乐世界，不可以少善根福德因缘，得生彼国。"所谓因缘就是条件。你今天请客，所订的时间、地点、菜肴，朋友都会闻风而至，这是请客的因缘具足。在厨房里，再高明的厨师，也要具备油盐酱醋等各种材料，否则也难为无米之炊。因缘不是临时张罗的，而是平时就要早做准备。开办工厂、政治竞选都要看各自的因缘。因缘好的得心应手，被人称赞为时来运到；因缘不具者，只有赶快补救。因缘是道，所以智愚的落差可以用兴趣来补拙，可以用道德来加强，可以用人缘来弥平智愚的落差。

三、思想的落差。思想家一直都是为人所尊重敬佩，在我们的同辈、朋友之中，哪个人比较有思想，就能获得众人的拥戴。在课堂上，老师都希望用思想来传授知识，而不是只作解释说明，没有自己的看法意见，让人听起来觉得平淡无味。有思想的人比较精明，思想迟缓的人大都比较老成木讷。思想也分多种，有人长于政治，有人长于经济，有人长于宗教，有人长于文学，有人长于人文。思想应该融会贯通，不要执著计较自我的思想，排斥贬抑别人的思想。一般而言，笃实老成的人，虽然一时比不上思想敏捷的人，但能用龟兔赛跑的精神，用厚实做基础，所谓勤能补拙，拉近思想的落差。播种、施肥，各种耕耘也会把人间的因缘落差接平。因缘主宰了我们的一生，我们也可以创造另外的因缘。

四、心地的落差。人和人的福德因缘，由于勤惰的落差、出生背景的落差、地域文化的落差、时代因缘的落差，受到许多限制，难以抚平。人与人之间的落差，心地落差是容易改进的，你的心地强硬而不柔软、性格傲慢而不随和、知见执著而不虚心、言语毒辣而不仁慈，这就和别人在心地上有了落差。心地的落差不必要求别人帮忙，只要自知自觉、自我改善、自我反省、自我弥补，能将心比心，还有什么落差不能平衡的呢?

大自然的落差，所谓天地无私，天地去摆平；人我的落差，也不必自怨自艾，自我努力就可以改掉落差。

·佛光菜根谭·

无你、无我、无生死分隔的“超越观”是佛道；
无自、无他、无怨亲对待的“慈悲观”是佛道；
无彼、无此、无人我差别的“缘起观”是佛道；
无私、无欲、无利害得失的“平等观”是佛道。

非法，非非法

“100-1=0”定律来源于监狱的职责纪律：不管以前干得多好，如果众多犯人里逃掉一个，便是永远的失职。从防止罪犯重新危害社会来说，百无一失是极为必要的。后来，管理学家们将其引入到企业管理、商品营销和服务行业中，得到广泛的应用和流传：好就是全部，不好就是零。

摘引自《成就你人生的100个哲理》

宇宙万有，大如三千世界，小如芥子微尘，佛教皆名之为“法”。其中，有益于人者，称为“正法”；无益于人者，称为“非法”。人生之所以痛苦，社会之所以混乱，正是因为许多人在“非法”中打转。例如贪财，财富有了，还要贪杯买醉；贪名，名位有了，还想借势欺人；贪吃，肚子饱了，还求山珍海味；贪爱，爱情有了，还去搞三搞四，沉沦欲海……以致起惑造业，作奸犯科，与“非法”为伍，人生怎能不苦呢？更有甚者，认为“非法”非“非法”，社会怎能不乱呢？像桃园一位父子因无力还钱而绑架债主之子，勒索巨款，嫌犯落网后，不但了无悔意，还声称如此做是为了要教训对方做人不要嚣张自大。平镇乡一位乡民因与妻子发生口角，愤而杀妻弃尸，被警方逮捕后，居然说是为了睡得安稳。苗栗一名国小老师在网络上设立了七个色情网站，警方侦讯时，他竟狡辩是为了学习计算机。凡此“理歪气壮”的现象，不一而足，令人兴叹。

某市长公然说：“飙车不是犯罪。”一时间，舆论哗然。该市长又再解释：当时是以法律见解来探讨飙车问题。有人讥称：这是欲盖弥彰之说！古人云：“王子犯法，与民同罪。”如今这位律师出身的市长却坚称“非法”非“非法”，不知该当如何？

所谓人云亦云、积非成是，现在社会最大的问题，不知非法，而更在颠倒是非，视“非法”为非“非法”。过去的非法者尚有羞耻之心，不敢明目张胆，如今不仅非法者堂而皇之，不以为意，乃至上下同心，沆瀣一气，称“非法”为非“非法”，怎不令人忧心！

《金刚经》云：“法尚应舍，何况非法。”看来还是对上善根器的教示；末法众生，刚强难化，如果佛陀生逢此世，必定会加上一句：“‘非法’应舍，何况非‘非法’？”

· 佛光菜根谭 ·

不达世务是腐儒，不体圣言是呆汉，
不求进步是庸才，不知惭愧是非人。

受骗之因

王祚生活奢侈无度，一心想预知自己年寿如何。一天，听到街上有人吆喝卜卦，就派家人把卜卦者接进府。家人事先吩咐好卜卦者，卜卦者心领神会，布卦成文，推演了一会儿，故作惊讶："您是大寿之命！"王祚很高兴："能活七十岁吗？""还要往上。""那能到八九十岁吗？"卜卦者又大笑："还要往上。"王祚更加欢喜："如先生所说，难道可以活到百岁？""此命至少也有一百三四十岁啊！""那其间有什么疾病吗？"卜卦者装作细细推算，煞有介事地说："没有。只是临近一百二十岁这年春夏之间脏腑稍有疾苦，不过很快也就安好了。"王祚放心了，回头对侍立在身后的儿孙说："一定要记着，那一年千万别让我吃冷汤水才好。"

摘引自《中国笑林大全》

经常听到有人抱怨：被人骗了！歹徒骗人的伎俩，诸如金光党用假钞骗真钞、不法商人用假货骗取金钱、不肖之徒用可怜相博取别人的同情而遂行诈骗之实，更有宵小之辈以花言巧语获得别人的欢心，实际上也是在行骗诈欺。

世间骗人的花样很多，一般人之所以上当受骗，除了少部分人基于一份恻隐之心，未经求证就贸然听信于人，让歹徒有机可乘，大都是因为贪心。贪心，才是受骗的最大因素！

有人谎称有传家古董一只，价值不菲，因需钱紧急，只要有人出价三十万即可半卖半送；如果你贪图别人的宝贝，自然即刻被骗上当。也有人说，自己有土地一块，市价值几千万元，因生意一时周转不灵，希望能以土地抵押向你借款五十万元，一等卖地后，连本带利六十万元奉还。结果事后发现，原来土地所有权状是一纸伪造文书。也有人以五十万元支票调借头寸二十万元，言明逾期未还就以支票偿付，结果事后发现此乃空头支票。有人声称与朋友合伙投资做生意，明年即可分红多少，现在需要资金三百万，请你先给予方便，明年加倍奉还。结果也是肉包子打狗，一去不回。有人自称来自军中，手上有军粮两千石，无法报销，只要你付运费十万元，即可奉送；结果两千石粮食没个影儿，十万元也飞了。

世间形形色色的人，到处不乏骗子充斥人群。即以家庭中，兄弟姐妹彼此之间也会行骗，这是家庭骗子；社会上，同事、朋友之间也会谎言以对，这是属于社会骗子；国际上，也有军火骗子、经济骗子，乃至政治骗子等。

被人骗了，这是小事；人生最大的愚事，是自己骗自己。之所以如此，是因为不能认识自己的居心动念，不能认识自己的因缘关系，所谓“不知为知，不明为明”，因为自我伪装，这是自己对社会行骗。

其实，每个人从小为了让父母满足自己的要求，即对父母行骗；谈恋爱时，虚张自己的条件，这就是对爱人行骗；护短、恕己，这是对社会、对长官、对自己都在行骗。因此，人骗我，我骗人，造成相互蒙骗的社会、相互蒙骗的人生。

如何从蒙骗中解脱出来呢？唯有放弃虚妄、贪图，回归自我的真实面目；能够以真心待人，才能不骗人，也不为人所骗。

·佛光菜根谭·

心无旁骛，才不会被声色迷惑；
心没杂染，才能不为葛藤缠绕。

不 安

一座山庙里住着老和尚和小和尚。老和尚叫小和尚到山下打油，小和尚端着油碗上山时很紧张，双眼盯着油碗，而到了山顶，油也都洒光了。老和尚叫小和尚走路时不要想着油，平常怎么走就怎么走。第二次小和尚照办了，结果到得庙里，碗里的油仍是满满的。

摘引自《永不放弃》

人生最需要的就是平安。人从婴儿呱呱坠地，就需要父母的呵护，才会有安全感；学佛的人最终的目标就是求得心安，因为不安正是造成痛苦烦恼的原因。到底人为什么会感到不安呢？试究其因：

一、自己做错了事，自然会感到不安。不过也有一些人不肯认错，不肯认错并不表示就能平安。做错了事，能够心生惭愧，心生懊悔，继而加以改正补救，事后就会平安了。如果死不认错，坚持自以为是，不但让人看轻，也会一错再错。

二、关心的人和事出了问题，也会感到不安。例如远方的亲友生意失败了，或者是生病住院了，我们都会因为感同身受而忧心不安。这本是人之常情，但光是心里不安无济于事，重要的是应该想办法帮忙解决问题，助其一臂之力，事后也会稍感安心。

三、应该完成的事未能如期交卷，或是自己说过的话不能兑现，自己期盼的事不能如愿，自己所做的事业半途而废，都会感到不安。甚至有的人到了临终之际，也会回想起往事未能一一实现，例如交棒不及而后继无人，这才懊悔一生只是忙此忙彼，忙到最后一个接班人也无。其实世间事是没有办法完全做完的，只有一个阶段又一个阶段地做好；凡事求其心安，只要对得起国家社会，对得起亲人朋友，对得起自己一生的用心，这就已经算是交卷了。如果还有未完成的事，只有等后人继续，自己应可安心放下了。

四、处在陌生的环境，人生地不熟，必然会觉得心不安。例如有的人搬家了，从这个乡镇搬到那个乡镇，左邻右舍都不熟悉，必须重新建立友好关系。有的人移民海外，乃至离乡背井的留学，在陌生的国度里，环境不熟悉，风俗习惯不同，尤其语言隔阂，顿觉前途茫茫，自然会感到心里不安。人生要能随遇而安，要能适应环境，不管走到哪里，都要落地生根。就是将来上升天堂，到了极乐世界，也都是陌生的地方，你要能欢喜接受，自然就会安心了。

五、对自己的未来没有方向与目标，更是不安。因为人生是活在希望里，有未来才有希望，有方向才有目标。人生最苦的是，读书不知道读什么书，做事不知道做什么事，交友不知道交什么朋友，在世间好像什么都不能如意，这是最痛苦的事。最好的人生就是要有信仰，信仰的对象就是我们的目标、我们的方向、我们的希望。

其实，人生最大的不安就是与冤家对头相处在一起了。一个人与志不同道不合的人在一起工作，已经非常不欢喜了，如果对方又是冤家对头，事事与自己唱反调，时时找自己的麻烦，当然就会心里不安。但是，假如我们能够化敌为友，也能改善关系；如果我们能够广结善缘，也会让对方感动，最后冤家对头反成亲家好友。善恶关系存乎一念，一念向上，一切欢庆；一念向恶，恶道现前。心净国土净，心安，自然一切皆安。

· 佛光菜根谭 ·

对人常存感恩，见善唯恐不多；
对己多思惭愧，去恶唯恐不及。

创造“知”的美好

流水下山非有意，片云归洞本无心。
人生若得如云水，铁树开花遍界春。
——宋·此庵守净

行走山河

徐霞客一生大部分时间都是在旅行考察中度过的，东到浙江的普陀山，西到云南的腾冲，南到广西南宁，北至河北蓟县，足迹遍及大半个中国。在三十多年的旅行中，他主要靠徒步跋涉，骑马乘船都很少。他寻访的地方，多是穷乡僻壤、人迹罕见的边疆。他不避风雨，不怕虎狼，以野果充饥，以清泉解渴，出生入死。徐霞客在跋涉一天之后，无论多么疲劳，无论在什么地方住宿，都坚持把自己的收获记录下来。他写下的游记有二百四十多万字。

摘引自《中国名人小传》

路，是人走出来的。巍峨的高山，有人可以爬上去；辽阔的江海，也有人可以渡过去。

所谓“读书要破万卷，走路要遍五洲，求知要明真理，用心要怀山河”。现在是个信息发达的时代，已经不容坐井观天，更不能在框框里生活；人要经历时空，走遍山河，才能成为饱学之士。

千古以来，能够走遍千山万水的人，有僧侣的云水行脚，寻师访道；有探险家的航海登峰，找寻人所不知、人所未到的地方；有军人的出战绝域，冒险犯难开疆拓土；更有经商的行伍，带动经济的发展、文化的交流。这许多行走山河的人物都是值得我们歌颂赞扬的。

山河是大自然无限的宝藏！高山上，不但有参天古木、丰饶矿产，更有各种飞禽走兽栖息其间；江海里也有鱼虾贝类、珊瑚珍珠等无限资源。如果说自然界的天是父亲，地是母亲，那么群山峰峦是父母的骨架，江海河流是父母的血液，我们想要认识我们的父母，就要从行走山河开始，在山河里成长，在山河里拥有世界。

中国的云贵、西藏地区的人，他们征服高山，以高山为家。欧美人士也以攀登高山作为训练青少年意志的课程。地球上，海洋比陆地更广宽，征服海洋的人更能拥有世界。现代的青年应该志在四方，走出歌舞酒家的场所，去行走山河，与高山海洋为伍。

我们读历史，看到张骞出使番邦绝地，岳飞行军八千里路云和月，唐三藏横渡八百里流沙，东晋法显与海水搏斗。根据研究表示，东晋时代的慧深法师早已到过美国西海岸，故而时至今日，墨西哥有一个城镇居民大部分是信仰佛教。

古诗有云“三山六水一分田”，意即地球上有三分是山岳，六分是海洋，只有一分是平地，所以现在的青少年要有征服海洋的志愿，也要有登高山而小天下的抱负。

现在的旅游事业发达，人们出外旅行大都是住观光饭店，并以汽车代步，每到一处山明水秀的地方便忙着照相，如此观光不要说征服山河不可能，行走也是大为不易。

山河是人间珍贵的资源，现代青少年如果没有行走山河的精神，只是在象牙塔里发表言论，如此想要有一番发展，恐怕难矣哉！

· 佛光菜根谭 ·

回忆是黄昏美景，幻想是黑暗无光；
理念是日正当中，实践是行走山河。

创造"知"的美好

1858年，瑞典的一个富豪家生下了一个女儿。然而不久，孩子患了一种莫名的瘫痪症。一次，女孩和家人一起乘船旅行。船长太太告诉孩子说船长有一只天堂鸟，她被这只鸟的描述迷住了，极想亲眼看看。保姆把孩子留在甲板上，去找船长要。女孩耐不住等待，要求服务生立即带她去。服务生并不知道她的腿不能走路，女孩因极度渴望，竟忘我地拉住服务生的手，慢慢地走了起来。此后，女孩的病便痊愈了。女孩长大后，忘我地投入到文学创作，成为第一位荣获诺贝尔文学奖的女性，她就是塞尔玛·拉格洛芙。

摘引自《经典励志小故事》

吾人每天想增加一些新知，但是翻开报纸杂志都是揭人隐私、黄色新闻、奸杀掳掠、枪械绑票的消息，已到了触目惊心的地步。为了得到当天的新知，打开电视，也都是杀人、淫秽、诈骗、吸毒的报道，只得掩报不看，关了电视，不禁想到老子说的"不如无知"。

刚到机关上班，各种报告，人我是非，互相倾轧，计较比较，打压毁谤。各种不平和怨声，不知如何处理，不禁令人长叹："不如无知！"

电话铃响，拿起听筒，这家周转不灵，那家即将倒闭，有的抱怨生意难做，有的诉苦商场艰苦……凡此种种，唯有“不如无知”才能表达心中的痛苦。

人在年轻时，读书求学，应付考试，挑灯夜战，种种压力，只为了求知。及至走入社会，所见所闻，人心险恶，处处陷阱，越来越感到知得越多，烦恼越多。

知，本来多么美好！现在能知道未来，此处能知道彼处，阅读历史可以知道过往的事物，研究科技可以知道宇宙的奥秘。但何其不幸，我们眼见耳闻好像乌云蔽日，一片黑暗无光，知的恐怖叫你不寒而栗。

当然，吾人不能因为知有痛苦，干脆无知，好让六根清净。只有希望大家从新换个角度，创造“知”的美好，让我们的电视所播出的都是美好的山水景物、美好的人事来往；让我们的报刊所报道的，都是一些见贤思齐、净化心灵的美事；让我们的政府为民施行的德政被人歌颂；让我们的社会表现出来的公义被人赞叹；让我们感受到的都是和风吹拂、春暖花开般的温馨。

我们要歌颂“知”的美丽，也要礼赞“知”的欢喜。

· 佛光菜根谭 ·

没有新观念，不会有进步；
没有大格局，不会有远见。
受社会教育，为一家谋生；
受心灵教育，为万众化导。

解 读

朋友送给王先生一盆牡丹花，而每朵花的边缘都因花瓣掉落而显得参差不齐。有人告诉王先生：牡丹花象征富贵，现在你这盆花的边缘不圆，表示富贵不圆满。王先生一听，觉得有道理，就把牡丹花送还给朋友。朋友听完说明后，笑着告诉王先生：你也可以把它解释成“富贵无边”呀！

同样的一件事，由于各人的解读不同，就有不同的意义。所谓“佛以一音演说法，众生随类各得解”。

在日常生活中，我们每天都在解读别人的语意、行为、眼神。例如长官的一句话，部下用心去揣摩是什么意思，揣摩上意就是解读；禅门的公案，需要用心去参，参就是解读。

解读不能开悟，必须直指人心。解读总有一点揣测的意思，所以凡事都应该往好处想，不要把别人的好意解读错误，坏了好事。

解读已有分别，结果自然各有不同。购买六合彩、乐透的人到处求神问明牌，神明的显示一样，各人的解读不同。

飞机失事了，从黑匣子解读失事原因；医疗检查报告出来，要经由医生会诊解读；军事情报密码，也要由专业人士解读。乃至股票分析师为投资人解读股市行情，政治观察家解读各党各派谁能当选、谁能入阁等。

经济指标、教育成效，不但要评鉴分析，还要解读。包括人情也要解读。王建笔下的《新嫁娘》：“三日入厨下，洗手作羹汤；未谙姑食性，先遣小姑尝。”会得看相观人，察言观色，善解人意，也是解读。

解读气象、解读地震、解读自然、解读基因，所谓解读者，因为一般人还不能明白，必须经过专家解读才能周知大众。

禅门的“如何是祖师西来意”，则是要你自己去设法解读密意，能解即能大彻大悟。

所以，解读时空、解读世事、解读人情、解读人心、解读生死、解读自我，有智慧的人才能善于解读。

· 佛光菜根谭 ·

每一时间都是黎明，
每一挑战都是机会，
每一逆境都是考验，
每一善行都是创造。

名词的魔术

晋武帝刚刚登基，就去卜筮，想问晋朝能传多少世代。卜筮的结果是“一”，武帝觉得很不吉利，众臣子也大惊失色，不知该说什么好。侍中裴楷有急才，于是说：“古人有这么一句话：‘天得到一就清，地得到一就宁，诸侯帝王得到一，天下就安定。’”武帝这才变得高兴，众臣子皆叹为观止。

摘引自《中国古代口才故事》

世间法的名相，因名生解；名相的功用无可否认。但过分地执著名相，被名相所执所迷，则就反受其害了！

鬼，是个可怕的名词，人人谈鬼色变。但有的人对自己最亲最爱的人也欢喜称他为“鬼”。例如，太太昵称先生为“死鬼”，母亲叫自己的小孩为"小鬼"，可见"鬼"之一词也是人所最爱，这不就是名词的魔术吗?

乡村居民向政府反映：我们每到河边取水，都要走过"五里路"这条路，实在是路途遥远，非常辛苦，请政府为我们改进。后来聪明的长官下令说："以后这条路改名为'三里路'，不可以再叫'五里路'。"居民大喜，说："现在好了，今后我们取一担水只要走三里路就可以了。""五里路"与"三里路"只是名词的变换，大家的感受就有苦乐的不同，这不就是名词的魔术吗?

人，如果被比作畜生，说你是狗是虎狼，乃至连狗都不如、连虎狼都比你好，你必然会生气。但有的父母为儿女取名为小猫、小狗、小虎、小牛。有名的新光保险公司创办人吴火狮，他以"狮子"为荣，到处建设许多以"狮"为名的企业，狮子俨然已成为他傲人成就的标记。可见名词的魔术只在人的一念之间。

人之一生，从"婴儿"到"女童"、"小姐"、"太太"、"妈妈"、"婆婆"、"奶奶"，名词虽多，实乃一人。名相的变化，人心、人性实乃不变也。

《金刚经》说："凡所有相，皆是虚妄。"名相千差万别，但是其理一如也。我们对于千差万别的名相，只要心中一念，你认定，你欢喜，你接受，管它名词的魔术如何变化，又岂奈我何?

所以，佛教里有"四依止"：一、依法不依人；二、依义不依语；三、依智不依识；四、依了义不依不了义。由此，名相的分别，不就可以了然了吗?

· 佛光菜根谭 ·

好的时辰，好的地理，不在心外；
只要心好，日日都好，处处都好。
世界之中，处处是好地；世纪之中，日日是好日!

智慧的人生

深禅师和明和尚云游四方，这天夕阳西下，淮河边上，渔人正在收网,那些入了网的鱼儿跳跃着。渔人边拉网边说道:“罪过，罪过，在师父们面前做这种活儿。”明和尚闭目说道:“俗家也要养家活口，阿弥陀佛!”忽然，有条鱼身子一跃过网，箭一般射入水中。深禅师于是说道:“真机灵啊！它完全像个禅僧。”明和尚答:“虽然这样，还不如当初别撞进罗网里更好。”深禅师笑了:“你省悟得还不够哩!”明和尚不明白深禅师的话，半夜仍在河边徘徊思索。河水闪着幽幽的光，静静向前流去——是了，是了，那鱼儿进了网里与没进网里只是外在的区别，其实自性丝毫没变啊!

摘引自《揣龠录》

有人希望拥有洋房，有人希望拥有汽车，有人希望拥有娇妻，有人希望拥有子女，有人希望拥有土地、田产、股票、珠宝等。其实这些都不是最好的拥有，人生最好的拥有就是智慧。智慧是人生的导航。遇到逆境，懂得用智慧来转，便能开拓出另一番天地。

“智”者从“知”，汲取知识是智能的开始。然知识是用学的，智慧是用悟的；能“日进新知”，并将知识活用于生活，融入于生命，这才是真智慧。平时闻法、思法、修法，可以帮助我们开启智慧。

人类文明之所以一日千里，不是金钱造就的，而是众人智慧的结晶。世间最可怕的是无明，开显心中的智慧才是断苦之本。有智慧的人对任何事物都有正确的认识与了解，而不至于走人邪途。

智慧就是财富，一个人的劳力有限，真正的能源在于内心的智慧；能够开发内心的能源，人生才会活得充实、快乐。

“别人看到外，我看到内；别人看到相，我看到理；别人知道点，我知道面。”这就是智慧。“感谢因缘”，就是有般若的智慧人。《六祖坛经》说："改过必生智慧，护短心内非贤。"能够知过改过，更是大智慧。

有智慧的人，懂得寻找生命的根源，懂得提起"生从何处来，死往何处去"的疑情。有智慧的人，凡事往大处着眼，并能识大体，不会为了私事而和人计较，自然能够受人尊敬。有智慧的人，越是紧急的时候越能镇静沉着，唯有在镇静中才能想出应付事变的方法。愤怒，就像在平静的湖面上丢下一块大石，会扰乱原本清澄的智慧，无法正确判断事理而贻误自害。

老子说："大直若屈，大巧若拙。"真正有智慧的人，必懂韬光养晦，必懂内敛含蓄，所谓"大智若愚"是也。

智慧乃靠先天的禀赋及后天的努力，两者相较，后天的努力远较先天的力量大。因此，不要羡慕别人的聪明智慧，有其因才有其果，若不种因，徒羡其果也是枉然。要紧的是，自己要立志，再加以恒心，如此才能活出有智慧的人生，才是成功在望的人。

佛说：智慧就是般若，般若则能度己度他！

· 佛光菜根谭 ·

当愚痴的邪风吹来的时候，要抱紧智慧明理的磐石；
当嗔怒的烈火炽盛的时候，应泼洒柔和忍耐的法水；
当贪欲的洪流高涨的时候，需开启喜舍布施的闸门；
当骄慢的高山隆起的时候，得运用谦虚尊重的巨铲。

精神的营养

有一次，钟繇午睡，钟会出主意与钟毓一同溜进父亲的房间去偷药酒喝。其实钟繇是假装睡着，偷偷察看两个儿子的行动。

钟毓先向父亲跪拜，行礼如仪，然后才开始喝酒；钟会不但不拜，喝酒时，还向父亲做着鬼脸。

事后，钟繇问钟毓："我既已睡着，为何行礼？"钟毓答："偷喝药酒心中忐忑不安，不拜更觉不安。"钟繇又问钟会："你为何不拜？"钟会答道："偷酒已属非礼，所以不敢行礼！"钟繇见两个儿子回答得都很有理，满心欢喜。

摘引自《三国故事》

现代人都很讲究饮食均衡，重视营养摄取。初生婴儿要靠婴儿奶粉辅助发育，园中的花草要靠补充施肥来茁壮。房屋家具需要油漆来保养，衣服用物也要加以适当保护。所以一切事物，彼此依赖，相互依存，互给营养。

万物需要营养才能存活，人类也是一样；但人与万物不同的地方，在于人除了需要物质的营养以外，尤其需要精神心灵上的营养，例如：

一、乐观思考是消除忧郁的营养。人的性格，有的乐观喜悦，有的悲观忧郁，人如果不懂得制造喜悦的养分，慢慢就会被忧郁的情绪所湮没，身心都会出现毛病。所谓喜悦的性格，就是乐观进取，凡事往好处想，每天都充满希望。人是为了欢喜才来人间的，悲苦的人生没有意义。有乐观的思考，可以增加营养，可以消除忧郁。

二、适当运动是身体健壮的营养。人是动物，要靠"动"才会健康，"静"才能养性。健康的身体需要有适度运动。运动并非运动员的专利，也不是一定要做赛跑、跳高、跳远等剧烈运动。一般人每天只要能做做体操，动动身子，至少走走路，都能有益健康。所谓"饭后千步走，活到九十九"，可见运动对健康的重要。

三、阅读旅游是思想眼界的营养。"读万卷书，行万里路"，阅读、旅游都能增加思想见闻。思想也像流水一样，必须要有源头，所谓"问渠哪得清如许，为有源头活水来"。我们的思想也要有源头，思想的源头就是要靠读书，靠旅行。佛教主张"以闻思修，而入三摩地"，所以见闻、思考、实践是启发思想、开拓眼界的重要源头。

四、幽默结缘是人我关系的营养。个人的身体健康要靠营养来增进，人我之间的友好关系也要靠营养来维持。人我关系的友好，金钱、爱情、礼让之外，重要的是要有幽默感。人我之间多一点幽默风趣，才能更融洽。夫妻之间要靠风趣幽默才能营造家庭的欢乐气氛。

五、微笑点头是送人礼物的营养。人我之间，互赠礼物，表达情意。有时送人一瓶维他命，送人一盒银耳，都是希望给对方营养。假如送人一个微笑、一个点头，让他欢喜，也是营养。身体要营养，心情也要营养，尤其精神的营养，道德、慈悲、真理，都是精神不可或缺的营养。

六、信心毅力是转败为胜的营养。人生需要各种力量的援助，尤其失败的时候更需要别人的鼓励为营养。在自然界里，有的动植物自己本身就能制造营养；一个人在遭遇失败挫折时，如能鼓舞信心、坚定毅力，就是自我制造营养，就能转败为胜。所以，人需要外来的营养，但更重要的是自己要能制造信心、毅力等营养。有信心，才有力量；有毅力，就能勇敢。有力量，有勇敢，就能向前，向前就能成功。

·佛光菜根谭·

有为者，虽泰山崩于前，
仍气定神闲，面不改色；
无能者，一遇小事临身，
就气急败坏，惊慌失措。

契 机

有个人迷失于沙漠里，快要渴死了。他四处摸索，找到一间废弃的屋子。门外有一个抽取地下水的泵。他喜出望外，拼命抽那个泵，但滴水未出。失望之余，他发现泵顶上有一瓶子，瓶口塞着，瓶身写着："朋友，把这瓶水灌进水泵，就能抽出水来。另外，你走之前请将瓶子灌满。"他拔开瓶塞，看到瓶内果然有水。他犹豫：该不该把瓶内的水灌进水泵？万一抽不出水，不是死路吗？如果先喝了这瓶水，起码能暂时保住性命……他思来想去，决定遵照指示去做。瓶上所言不假，水果然不断地喷出！他喝了个痛快，然后把瓶子灌满，塞好，并在瓶身加了句话："这上面的指示千真万确。你必须付出才能有所回报。"

摘引自《永不放弃》

佛陀说法讲究契理契机，光是合乎真理还不够，契合根机最为重要。所以，人生的因缘际遇很重要，良机一失难以再来，能够把握契机，自然无事不办。例如：

一、黑夜苍穹，日照即破。漫漫长夜，一片黑暗；在黑暗里，走路看不到前方，做事诸多不便。睡不着觉的人，长夜漫漫，不知何时天晓。但是不必灰心失望，只要黎明到来，太阳一出，光照四方，在那一刻，所谓黑暗的苍穹大地，日出即明。

二、寒冬冰霜，春来即化。在严酷的寒冬，积雪成冰，道路封闭，冰霜封盖了世界。但是不必介意，世间万物都有无尽的生机。一些动植物在冰天雪地里，只要能忍耐，熬过了严冬的酷寒，一到春天来临，当春风吹拂大地的时候，冰雪还能不融化吗？

三、久旱荒漠，雨之即洲。漠漠黄沙，一片无水无草的大地；假如因缘际会，只要一场大雨，沙漠变绿洲就有实现的希望。美国西部的洛杉矶在一百年前就是一块沙漠，百年后的今日成为美国有数的大都市，其改造的原因，就是因为有了三藩市的流水以及胡佛水坝的灌溉。

四、荒芜田园，勤耕即丰。一块田园，荒芜很久，已经没有收成，但也不要放弃，只要吾人勤于耕种，还是能有丰收的一天。《葡萄架下的黄金》这个故事说明，儿孙以为葡萄架下真有黄金，经常挖掘；由于土壤经常被翻松，黄金没挖到，葡萄却长出丰硕的果实。所以荒芜的田园不要紧，重要的是自己勤于耕种，就能丰收。

五、千年暗室，一灯即明。你穿过黑暗的山洞，或是处在暗室里，只要点亮一盏灯光，即刻就能光明普照。这是比喻，吾人的心地也像千年暗室，只要有般若慧灯，就能把自性照亮，让心地发光。照见自性，就能心地朗照，就能清楚地认识自己。

六、参究自性，缘具即悟。读书人十载寒窗，希望的就是一朝金榜题名。假如一个修行人参究“念佛是谁”、“父母未生我之前，谁是我的本来面目”一直不停地参究自性，“打破砂锅问到底”，有朝一日，因缘到时，忽然电光火石，好似天崩地裂，虚妄的世界即刻粉碎，一个光明清净的国土忽然现在眼前，那就是所谓“开悟”了。

以上所论，就看机会来到了没有；良机一到，无事不成，机缘契合，悟道不难！

·佛光菜根谭·

不因赞誉而得意忘形，
顺适往往是罪恶的温床；
不因毁谤而嗔心怒目，
横逆往往是成功的契机。

我有明珠一颗

学者恒沙无一悟，过在寻他舌头路。
欲得忘形泯踪迹，努力勤殷空里步。
——唐·洞山良价

沉

一天，夏王让神箭手后羿表演射术。靶子一尺见方，正中画了直径为一寸的红心。后羿微微一笑。临射前，夏王突然宣布："射中了，赏你一万两黄金；射不中，剥夺你拥有的封地。"后羿听了，顿时胸脯起伏，怎么也平静不下来。他拉开了弓，射出第一支箭。箭身擦着靶子，飞到一边。后羿拿弓的手开始颤抖。他勉强射出了第二支箭，却远离靶子落在地上。围观的人发出嘘声。夏王问弥仁："后羿平时射箭是百发百中的，为什么今天连射两箭都脱靶了？"弥仁说："后羿是被患得患失的情绪害了，大王定下的赏罚成了他的包袱。如果能够排除患得患失的情绪，再刻苦训练，那么普天下的人都可以成为神箭手。"

摘引自《中国古代寓言》

房屋沉闷不通气，居住品质就会大打折扣；做人沉默不讲话，经常造成气氛尴尬，场面难堪。沉闷、沉默都为人所不喜，但是人之一生与“沉”有关者，好的方面也很多，例如：

一、沉思是启开智慧的门窗。人生从青少年时期开始，就需要学习沉思，沉思是内在的思考谋划，沉思默想会增进智慧。喜好哲学的人都喜爱沉思，有沉思习惯的人对问题都会有多一番的见解。好比三思而后行，经过了沉思，对问题多一分深入研究，已经开启了智慧的门窗，看到的世界就能更广阔。沉思不会冲动，尤其说话之前要多一些沉思，因为说出来的话难以更改收回。在思想里多一些反复思维，凡事都能更有智慧决断。因此，沉思能增加智慧，智慧能增加沉思，沉思是打开智慧门窗的最好途径。

二、沉着是稳定大局的力量。沉思是做事前的蓄势待发，沉着则是稳定大局的力量。狮虎要捕食猎物，虽然眼见猎物在前方，它也不会冲动地扑向前去，而会沉着地经过一番观察；一旦开始行动，就会不顾一切地冲向前去。沉着才能稳定大局，才有力量出发。弓还未拉满，不能射出；饭尚未煮熟，不能随意掀开锅盖。大事决断当然要有先机，先机不是冲动，抢占先机需要沉着稳重。谢安指挥淝水一战时，与朋友下棋，前方传来急报，他仍然不动声色地把一盘棋下完之后才说：“刚才小儿们，已经在前线战胜苻坚的八十三万人马。”这一战决定了东晋的生死存亡，而谢安就是能那么沉着，焉能不胜？

三、沉稳是老成持重的表现。走路要稳健才不会跌倒，行事要稳当才不会失败。年轻人做事往往被人批评为“嘴上无毛，做事不牢”，意思是年纪太轻，做事不够牢靠，必须年长才能沉稳。沉稳的人，某些时候需要喜怒不形于色，好恶不现之于外，一个老成持重的领导人就靠沉稳决定事业的成功。

四、沉潜是养深积厚的方法。人生需要沉思，需要沉着，需要沉稳，有时候更需要沉潜。一个不知道沉潜的人，就不能养深积厚；不能养深积厚，就不能成长进步。一个读书人，要在某一段时间内辟室自修，做一番沉潜的功夫；一个政治人物，当他一时失意，或者转换职务时，要想到这是最好沉潜的时机。禅门里的修行人，一天当中一定要有一两个小时用于沉潜内省，一周当中一定要有一日半日用于沉潜思维：一年当中一定要有数日乃至数周用于自己的沉潜内敛。人能有沉潜的修为，才能养深积厚，才能蓄势待发，才能有所作为。

· 佛光菜根谭 ·

鲸豚沉潜于大海，幽兰沉藏于山谷，
从容沉静于纷扰，清明沉淀于心灵。

起念的根由

有个犯人住在一间只有一两坪大小的囚房，由于空间有限，他整日抱怨。一天，牢房里飞进来一只苍蝇，他想把它捉走。他全神贯注地追苍蝇，无奈苍蝇比他更机灵，每当快要捉到时，它就轻盈地飞走了。苍蝇飞到东边，他就向东边一扑；苍蝇飞到西边，他又往西边一扑。他气喘如牛，还是捉不到苍蝇。坐在地上，疲惫不堪的他若有所悟：小小牢房原来这么大，连只苍蝇都捉不到……

有个人豢养了一只小猫和一只小狗当宠物，每天都会亲自喂养。当他喂食小狗时，小狗就想："主人每天都这样爱护我，从来没有要我回报，这么一个大慈大悲的人，难道他是一个神明吗？"当他喂养小猫时，小猫却在想："这个人每天都给我美味的饮食，他对我尊重、殷勤，难道我是神明吗？"

同样喂食猫狗，猫狗的想法不同，它们的分别就有这么大的悬殊！所以，世间的是非、善恶、好坏，都在于自己的想法分别，实在很难为它订定一个标准。

在一个家庭里，同样的父母生养的儿女，有的儿女想到父母抚养之恩，每当穿衣吃饭时就想到“慈母手中线，游子身上衣”，总感觉亏欠父母太多，将来一定要回报亲恩。但也有的儿女，总觉得父母对待别的兄弟姊妹比较优厚，对自己总是差了一点，因此离家别去，远走他乡，和父母不相往来，乃至觉得父母亏欠自己太多，有朝一日一定要向父母讨回公道。一样的米，养了百种的人，诚不虚也。

想法是人生善恶、好坏、是非的分水岭。有个人，他穷困潦倒时曾受朋友的一餐之赐，后来有所作为，就以良田百亩回赠朋友，正所谓“滴水之恩，涌泉以报”。另有一人，在穷途末路时有一个朋友收留他，供给食宿。后来朋友家中人口增多，实在不够居住，便在隔壁租了一间房子，请他迁居；此人因此怀恨在心，誓言要把朋友弄得家破人亡。所谓一斗米养了一个恩人，一石米养了一个仇人，此皆是想法不同所致。

有的人贫无隔宿之粮，但他安分守己，感谢国家社会的护佑，深觉国家的可贵。有的人，洋房汽车，丰衣足食，但他怨恨国家多税，一直想要移民他乡。所以，我们的想法可以想出天堂，也可以想出地狱，天堂地狱都在我们的想象之中。

经云：“知足之人，虽卧地上，犹如天堂；不知足者，虽处天堂，亦如地狱。”对于同一境界，由于见者心识不同，其所抱持的观点也会大异其趣，所以经中又有“一水四见”之喻。一般俗谚也说“情人眼里出西施”。聪明的人，凡事都往好处想，以欢喜的心想欢喜的事，自然成就欢喜的人生；愚痴的人，凡事都朝坏处想，愈想愈苦，终成烦恼的人生。

“三界唯心，万法唯识”，世间事本来如是，都在自己的一念之间。当我们以圣人之心看世间，一切人都是圣人；如果我们以盗贼之心看人，则所有人等都是盗贼。因为想法不同，就有天堂地狱之别，可见想法对吾人的关系是何等重大！

·佛光菜根谭·

般若是能透彻宇宙真相的智慧，
有知苦灭苦、观空自在的功用，
缺乏般若的生活，有如盲者摸象。

人中之鬼

有个人每天都要去偷邻居家的鸡。朋友告诫他："你这样做不符合君子之道。"偷鸡贼答："那就少偷点好了，以后每月偷一只鸡，等到明年的时候就完全不偷了。"

摘引自《管理寓言汇编》

中国民间有许多谈鬼色变的故事，例如鬼屋、鬼具、鬼妻、鬼事、鬼地、鬼行等。所谓鬼，就是见不得阳光，躲在阴暗处作祟。一般人谈到鬼，便会想到地狱，所谓地狱多鬼，乃至有人常常用鬼来吓人！人世间究竟有鬼吗？这是常听到人提出的问题。人世间有人、有畜生，为什么没有鬼呢？若曰：人畜都是有形有相，鬼无形无相；既无形相可见，何能承认有鬼之事实？

其实，在人间有形有相的鬼非常之多！例如，好酒者，我们称曰酒鬼；好烟者，我们称曰烟鬼；好色者，我们称曰色鬼；好赌者，我们称曰赌鬼。乃至还有贪心鬼、风流鬼、懒惰鬼、肮脏鬼、小气鬼等，世间之鬼，可多着呢！

鬼，到底可不可怕？有人怕鬼，有人不怕鬼；甚至有人说鬼很可爱。

《聊斋志异》里的狐狸、孤魂野鬼都可以成为美貌佳人，万种风情，来和人相伴。妻子昵称丈夫死鬼，母亲对心爱的儿女昵称小鬼，可见鬼也为人所爱的呀！

真正的鬼不但待在地狱里，也待在人间，乃至待在我们的内心里。所谓“疑心生暗鬼”。我们的心中除了有疑心鬼，还有嗔恨鬼、嫉妒鬼、多恼鬼等。我们的身体躯壳里住了许多的鬼怪。鬼，还算是小的，如果鬼变成了魔，所谓魔王，那就更加可怕了！烦恼就是魔王，无明就是魔鬼的君主；由无明烦恼的君主统领贪嗔痴的大将，率领八万四千的小鬼，专门与慈悲道德的世界作战。无明的魔鬼不但会把我们的身心搞得日夜不得安宁，甚至危害到家人、朋友、社会，乃至国家及全体人类。

所以，我们不要成为人中之鬼，我们要驱逐心中之鬼。一个人心中有鬼，行为就不会坦荡，做事就不会光明磊落，人格就不会高尚，人际关系也不会和谐。人不必怕鬼，自己也不要做鬼；每一个人都要具有抓鬼的本领。所谓“降伏其心”，就是“降伏魔鬼”。心中的鬼怪不除，何能堂堂正正地做人呢？

·佛光菜根谭·

修行不计脏秽，好让污泥出青莲；
做人不避罪恶，好让酸涩成甜李。

影　子

有些国家内阁阁员还未就任之前，已经呼之欲出，称为“影子阁员”。一九〇七年英国保守党在位，在野的工党为了争取政权，在其议会党团内部，按照内阁的组织，组成一个准备上台执政的团体，议会进行政策辩论时，影子内阁的各部大臣各就有关方面发表言论，进行质询，这就是被称为呼之欲出的“影子内阁”。

凡是实物，经过阳光或灯光的照射都会显现影子。影和形是分不开的，所以形容两个人焦不离孟，就说“如影随形”；表示办事成效快速，就如“立竿见影”；有了隐情不便明说，就用“暗语影射”或“含沙射影”；对于昙花一现的短暂现象，就说“浮光掠影”，或说“终成泡影”，意谓世事无常。

影子与人的生活关系密切，从许多成语可以看出。例如有了是非谣言，总是“绘声绘影”；错认事实，成为“杯弓蛇影”；不识真相，随便道来，都是“捕风捉影”。乃至有时候我们是生活在别人的阴影下。不过，影子并非全然不好，有时候我们也要高大的影子遮阳保护。如日正当中，阳光直晒，酷热难当，这时候山的影子、树的影子、房屋的影子，都能给我们阴凉，所以有时也要感谢这些影子。

有形的东西有影子，无形的东西没有影子；心没有影子，但是心有“影响”。心中的思想，可能比身形的影子更能影响别人。自己也会疑心生暗鬼，而出现“鬼影幢幢”。

影子总是虚而不实的形相，诗云：“达摩西来一字无，全凭心地用功夫；若论人我是非处，笔影蘸干洞庭湖。”可见心的影子具有重要的影响力。

影子有时不一定是自己的身形所现，有的人成为别人的分身，为人传话，就成为别人的影子。不管是自己的影子，或是别人的影子，影子都是随着本尊而出现，离开了本尊，就不成其为影子。李白的“举杯邀明月，对影成三人；月既不解饮，影徒随我身。”面对影子，有时也会平添“形单影只”的悲凉。

利用影子的光学原理，也可以成为艺术的表演，例如，皮影戏就是透过灯光，将纸或皮制的人物剪影照射在白色的银幕上，表演的人在幕后操纵剪影，使其上下左右，做各种动作，惟妙惟肖，成为中国民间独特的艺术。

现代的科技进步，许多媒体无不利用光影成为传播的工具，例如电影、电视、复印件、影像，无不以假作真。一部电影，可能早已时过境迁，但灯光声影赚得万千人的感动热泪，可见人很难走出别人的影子。

影子紧紧扣住吾人；一个人如果不能超越影子，要想找到真实的自我，此实难矣也！

·佛光菜根谭·

树正不怕月影斜，
梁正不怕屋瓦倾；
行正不怕人来谤，
心正不怕魔来娆。

一水四见

某学生向老师抱怨，某人特讨厌，总爱跟他比，影响了自己的学习。

老师问："你喜欢吃苹果吗？"学生答："不喜欢，我比较喜欢吃梨。"

"你不喜欢吃苹果？""对。"

"那有没有人喜欢吃苹果？""当然有啦。"

"那你不喜欢吃苹果是苹果的错吗？""当然不是。"

"那你不喜欢他，是他的错吗？"

摘引自《超级经典小故事200例》

唯识家说：宇宙山河都是唯识所现、唯心所变。有一个“一水四见”的论点可资佐证。

水，为所有众生所共见。无论海洋、江河、溪流，在人类看来，它就是水；但在天人所见，水是琉璃；如系饿鬼所见，则为浓血；对于鱼虾来说，则是家居天堂。为什么人类所见的是水，而天人所见为琉璃、饿鬼则见为浓血、鱼虾见了又成了家居天堂呢？这就是众生各自的业感不同，故在果报上便有这许多的差异。就如每个人对酸甜苦辣各有爱好，喜欢吃酸的人觉得酸的滋味甜美无比，不敢吃酸的人则难以入口。又如臭豆腐、榴莲，好之者视为人间美味，恶之者食之难以下咽。羊肉腥膻，爱之者美味佳肴，不习惯者掩鼻作呕。人的大便，自解者认为臭不可闻，而在狗类则视同珍馐美食。各类种生由于业力不同、所见所爱，就有不同的感受。

世界上所有一切众生，有种种性、种种行、种种色、种种爱、种种心等种种不同。你看，若论学问，有人喜爱文学，有人偏好哲学，有人醉心艺术，有人神往科学。在居住环境的选择上，有的人雅好山居，有人爱住水边，有人热爱田园，有人向往都市。有的人发愤读书，有的人拼命赚钱，有的人热衷政治，有的人倾心宗教。在种种的不同中，没有谁好谁坏，应该让大家“一水四见”，彼此同在。

现在的父母常常以自己的喜好来要求子女，这就如同对一个不能吃辣的人硬叫他吃辣，对不喜欢吃甜的人硬叫他吃甜点。又如一个喜爱居住都市的人，硬叫他与自然为伍；喜欢居住山林水边的人，硬叫他在都市里生活。此皆违反个性，强人所难，自然难有好的结果。又例如女性，有的讲究穿着，不重视饮食；有的偏好美食，不重居住环境；有的人在意家居质量，但不看重衣食的华美。

所以，禅门鼓励人要随缘放旷、任性逍遥；能够各得其所、各适其性，不是非常美好吗？

· 佛光菜根谭 ·

以随喜代替忌妒，自然事事欢喜；

以随和代替孤傲，自然处处祥和；

以随缘代替执著，自然时时自在；
以随分代替勉强，自然人人交心。

美　心

牧师考虑如何布道，一时找不到好题目。六岁的儿子隔一会儿就来敲一次门，弄得他心烦意乱。于是他把一本杂志的世界地图夹页剪碎，递给儿子："来，我们做个游戏。你把这张地图拼还原，我就买糖给你吃。"不多时，儿子又来敲门，说图已拼好。他不大相信，忙去看，果然世界地图完完整整地摆在那里。"怎么会这么快？""是这样的，地图的背面有一个人头像，人对了，世界自然就对了。"牧师若有所悟："说得好啊，人对了，世界就对了——我已找到布道的题目！"

摘引自《哲理故事》

现在一般人都懂得，家里的客厅要美化，庭院要美化，人的身体要用服装美化，脸上要靠化妆美化，乃至地球也要美化，举世都很重视环保。

其实，世界上需要美化的东西很多，语言要美化、思想要美化，尤其心理更要美化。《华严经》说："心如工画师，能画种种物。"心能画出世间的美丑，画出人间的善恶，所以美心很重要。怎样美心呢？兹有四点：

一、要往好处想。人有劣根性，凡事容易往坏处想，不容易往好处想。你升官了，他嫉妒；你发财了，他不欢喜。所以人性不容易随喜，就可见出丑陋的一面。凡事往好处想，这是人的美德；因为心好才能往好处想，心坏自然所思所想都是坏的。所以，美心的人，才能美化世界。

百丈禅师大悟。这一捏把一切的爱憎无明、物我彼此都捏除得无影无踪。禅师们种种悟道的方法，看似乖逆违悖、不近人情，而唯有通过不近凡情的大转化、再提升之后，才能体悟超乎俗情常理的真理真情。

药山禅师有一次在山顶上散步，看到山边有两棵树，一棵长得茂盛，另一棵枯萎了。于是问徒弟道吾和云岩："你们说，哪一棵树好看呢？"道吾说："当然是荣的这棵好看！"药山禅师点点头。云岩说："不，我觉得枯的那棵好看！"药山禅师也点点头。

一旁的侍者不解地问："师父，道吾说荣的好看，您点头，云岩说枯的好看，您也点头，到底哪一棵好看啊？"药山禅师反问："那么，你认为哪一棵好看呢？""枝叶茂盛的那棵固然生气勃勃，枝叶稀疏的那棵也不失古意盎然。"侍者回答。

万有诸法自性平等一如，没有善恶、美丑、高下、贵贱的分别，因此，在禅者的眼中荣茂的树木和枯萎的树木都一样美好。

悟道的禅师不是如我们想象中一般的枯木死灰，真正的禅师生活风趣，很具幽默感。在他们的心目中，大地充满了生机，众生具备了佛性，一切是那么活泼、那么自然。因此，纵横上下，随机应化，像春风甘霖一般地滋润世间。

· 佛光菜根谭 ·

用舍心广结无量善缘，用净心远离贪染色欲，
用禅心安顿顺逆境界，用愿心创造圆满人间。

本书篇前引文除部分具署出处的，其他均引自星云大师的著作，计有《迷悟之间》《往事百语》《人间万事》《星云法语》《星云禅话》《星云说偈》《人间佛教语录》《佛光菜根谭》等。

——编者按